Studieren im Quadrat

Was bedeutet Studieren im Quadrat?

Erfolgreich studieren, das ist leichter gesagt als getan. Denn zwischen Hörsaal, Bibliothek und Prüfungen gibt es im Studi-Alltag so manche Herausforderung zu meistern. Die UVK-Reihe »Studieren im Quadrat« hilft Ihnen dabei, in allen Lebenslagen cool zu bleiben – vom Praktikum über die Studienkrise bis hin zur Gründung des ersten Start-Ups. Also keine Sorge, die bunten Bücher stehen Ihnen bei Fragen rund ums Studium bei.

Bislang sind erschienen:

- Mein Praktikum: Bewerben, einsteigen, aufsteigen
- Erfolgreich gründen: Start-Up im Studium
- Vom Studenten zum Chef
- Don't Panic! Studienabbruch als Chance
- Gechillt und entspannt durchs Studium
- Stay cool: Überzeugend präsentieren im Studium
- Beruf und Studium: Büffeln nach Feierabend

Michael Bloss, Christian Peksen

Studieren im Quadrat

Los geht's

Mein Berufseinstieg

UVK Verlagsgesellschaft mbH · Konstanz und München

Senator E.h. **Michael Bloss** ist Direktor der Commerzbank AG und des Europäischen Institut für Financial Engineering und Derivateforschung (EIFD). Er lehrt an der Hochschule für Wirtschaft und Umwelt Nürtingen-Geislingen (HfWU) Internationales Finanzmanagement und Financial Engineering.

Christian Peksen studierte an der Universität Wien Psychologie, wo er aktuell auch sein Masterstudium im Bereich Wirtschaftswissenschaften absolviert. Er beschäftigte sich neben berufsbezogener Eignungsdiagnostik vor allem mit Personalauswahlprozessen und Testtheorie sowie mit der Konzeptionierung von Assessment Center.

Bibliografische Information der Deutschen Bibliothek
Die Deutsche Bibliothek verzeichnet diese Publikation in der Deutschen Nationalbibliografie; detaillierte bibliografische Daten sind im Internet über <http://dnb.ddb.de> abrufbar.

ISBN 978-3-86764-839-4 (Print)
ISBN 978-3-7398-0397-5 (E-PUB)
ISBN 978-3-7398-0398-2 (E-PDF)

Umschlaggestaltung: Susanne Engstle und Susanne Fuellhaas

UVK Verlagsgesellschaft mbH
Schützenstr. 24 · 78462 Konstanz
Tel. 07531/9053-0 · Fax 07531/9053-98
www.uvk.de

Für alle, die vor neuen Herausforderungen stehen.

Begegnen Sie diesem Geist offen
und ohne Scheu, denn er ist das Leben selbst.

Inhaltsübersicht

Inhaltsverzeichnis

Abbildungsverzeichnis

Prolog

Der Einstieg ins Berufsleben stellt einen neuen und großen Meilenstein im Leben eines jeden jungen Erwachsenen dar. Viele Fragen stellen sich. Fragen, welche sich im Vorfeld zwar theoretisch beantworten lassen, aber erst wenn es drauf ankommt, richtig ihre Kraft und Spannung entfalten. Mit dem vorliegenden Buch gehen wir auf gerade diese Fragen ein und nehmen diesen Herausforderungen die negativen Kräfte. Wir zeigen Ihnen auf, wie man diesen positiv begegnen kann – ja vielleicht sogar muss.

Der Berufseinstieg ist ein Schritt im Leben, welchen man nur ein einziges Mal macht. Daher kann man keine Erfahrungswerte übertragen. Dennoch gibt es einige ganz einfache und grundlegende Dinge, an welche man sich hier halten sollte, damit sich der gewünschte Erfolg einstellt.

Während des Entstehens dieses Buches wurden viele Interviews, Gespräche mit Führungskräften, Studierenden und neu in den Beruf eingestiegenen jungen Erwachsenen geführt. Ihnen allen gebührt unser Dank für ihre sehr persönlichen, ehrlichen und offenen Antworten und Einblicke. Wir danken auch allen Teilnehmern, welche an unserer Online-Umfrage teilgenommen haben. Gerade dieser Input ließ uns ein klares Bild von der Gefühlslage der „**Generation Berufseinstieg**" erkennen und wir konnten daraus unsere Schlüsse ziehen.

Ein weiterer großer Dank gilt dem Verlag UVK, hier vor allem Herrn Dr. Jürgen Schechler, welcher uns zum Schreiben dieses Buches ermutigt und uns unterstützt hat.

Wir wünschen allen Leserinnen und Lesern, dass sie die Informationen oder Bestätigungen finden, welche ihren Einstieg ins Berufsleben erleichtern und sie persönlich weiterbringen.

Stuttgart und Wien, im Frühjahr 2018

Michael Bloss und Christian Peksen

Der Berufseinstieg

Der Berufseinstieg gilt als einer der **Meilensteine** im Leben. Ein Tag, an den man sein Leben lang zurückdenkt. Eine neue Stufe der Entwicklung und oftmals auch verbunden mit dem Abschluss einer langen Ausbildungsphase. Gerade Studierende, welche nach einem langen und oft sehr anstrengenden Studium mit Auslandsaufenthalten, Praktika etc. nun endlich an der Schwelle des Berufseinstieges stehen, werden verstehen, was wir damit meinen.

Der Schritt in die Arbeitswelt ist neben den formalen Angelegenheiten auch von vielen emotionalen und Herausforderungen begleitet. Nicht selten ist der Traumjob in einer fremden Stadt, die Freunde und Familie sind nicht dabei. So kann das Gefühl einer leichten Überforderung aufkommen.

Doch gerade diese Mischung ist es, welche den Reiz dieses einmaligen Erlebnisses des Berufseinstiegs ausmacht, und den ersten Tag im neuen Unternehmen zu dem macht, was man doch als einen Meilenstein im Leben bezeichnen kann.

Die meisten Berufseinsteiger haben in ihrem Leben schon einige Meilensteine erlebt. Nach dem Schulabschluss folgten die Berufsausbildung bzw. das Hochschulstudium. Gerade das Studium umfasste dann wiederum verschiedene Teilschritte, welche zur weiteren Entwicklung beigetragen haben. Auslandsaufenthalt, Praktika, Prüfungsstress und schließlich die Abschlussarbeit. All diese Schritte haben Sie geprägt. Doch der Einstig in den Beruf hat nun eine neue Qualität. Hat er doch oft etwas mit dem persönlichen Erwachsenwerden zu tun. Mit dem Auf-eigenen-Beinen-stehen und mit Die-volle-Verantwortung-tragen. Und: Es ist eine der wichtigsten Entscheidungen auf dem Karriereweg…

Im Jahr 2010 hat die HOCHSCHULE DER MEDIEN deshalb unter 773 Studierenden eine Umfrage durchgeführt. Ziel war es, herauszufinden, was den Studierenden bei der Wahl ihres Arbeitgebers wichtig ist. *Abbildung 1* zeigt das Ergebnis der Umfrage auf.

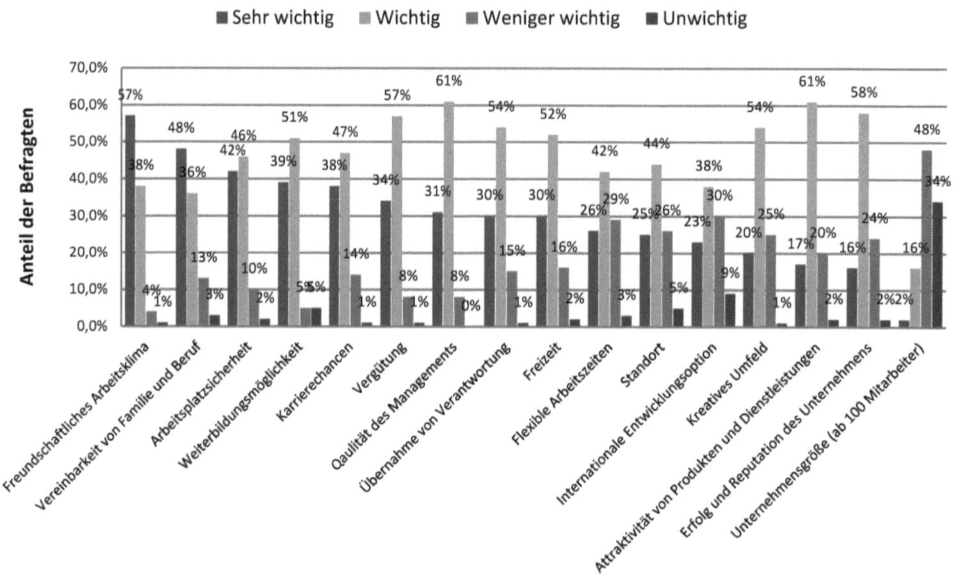

Abbildung 1: Wie wichtig sind die Kriterien bei der Wahl Ihres zukünftigen Arbeitgebers?[1]

Neben dem guten Arbeitsklima und der Vereinbarkeit von Familie und Beruf wurden die Arbeitsplatzsicherheit und die Weiterentwicklungschancen sowohl im Weiterbildungsbereich als auch Karrierechancen benannt. Entgegen später durchgeführten Umfragen war das Thema Vergütung noch als wichtig eingestuft. Spätere Umfragen des Jahres 2017 sehen das Thema Vergütung nicht mehr als so immanent wichtig an (vgl. STEPSTONE Umfrage Mai 2017; 3.000 Teilnehmer).

Abbildung 2 zeigt das Ergebnis einer Umfrage, welche Form des Berufseinstiegs gewählt wurde. In allen Altersgruppen sticht der Direkteinstieg in den Berufsalltag mit einer deutlichen Signifikanz hervor; gefolgt vom Einstieg über ein Praktikum (haben viele Absolventen bereits im Studium gemacht) und den Einstieg über ein weiterführendes Trainee-Programm.

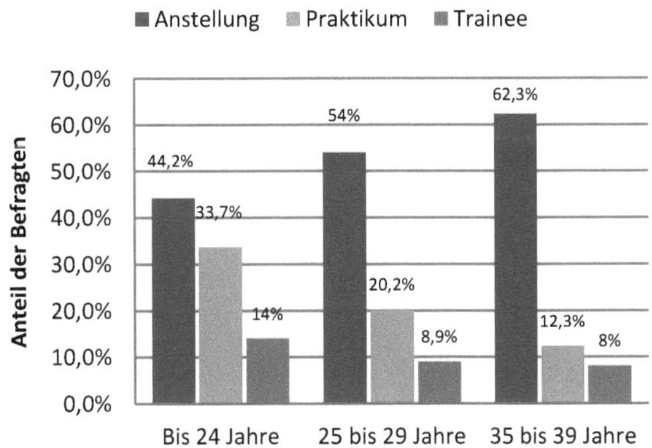

Abbildung 2: Welche Position haben Sie beim Berufseinstieg eingenommen?[2]

Emotionales Loslassen

Für viele Studierende ist das emotionale Loslassen des universitären Alltags mit all seinen Besonderheiten eine große Herausforderung. Gerade lieb gewonnenen Rituale, wie das wöchentliche Frühstückstreffen, Lernrunden mit Pizza bis spät in die Nacht und Entscheidungsfreiheiten nach dem Motto: ***„Wer zu einer***

(unbeliebten) Vorlesung nicht erscheint, hat eben frei!" sind im Berufsleben (oftmals und leider) passé. Gerade in den Anfangswochen träumt man sich vielleicht dahin zurück. Es ist jedoch anzuraten, sich hiervon gleich mit dem Verlassen des Campus ebenfalls zu verabschieden und dies als schöne und gelebte Vergangenheit hinter sich zu lassen. Je schneller man aus dieser Denkweise herausfindet, umso schneller kommt man im Berufsleben an.

Drei Ratschläge für den Berufseinstieg

- Gas geben, vom ersten Tag an!
- Einen aktiven Plan verfolgen!
- Sich immer etwas mehr zumuten als allen anderen!

Brennen für den neuen Job

Hat man seinen Traumjob nach dem Studium ergattert, so ist ein innerliches und äußerliches Strahlen und Brennen für den neuen Job und die damit verbundenen Herausforderungen meist mehr als sichtbar. Gerade dieses Feuer sollte man sich so lange wie es nur geht erhalten, da dieses einen auch über spätere Phasen der inneren Unzufriedenheit hinweghilft. Dieser Antrieb ist es auch, welcher uns zu neuen Höchstleistungen befähigt und uns diese ermöglicht. Er schafft eine intrinsische Eigenmotivation, welche auch auf die Umwelt abfärben kann und ganze Teams mitreißt. Nicht umsonst sagt der Volksmund: *„Er brennt für etwas oder eine Idee..."*

Gerade als Berufseinsteiger sollte man sich dieser Tatsache jeden Tag aufs Neue bewusstwerden. Erfüllen Sie Ihren Job und somit Ihren Tagesablauf mit Leben.

▶ Und zeigen Sie dies auch nach außen. Denn nur, wer nach außen auch ausstrahlt, was er inwendig fühlt, wird andere daran wirklich teilhaben lassen können.

Gerade dies zeigt den Kolleginnen und Kollegen ein Bild von Ihnen auf, welches positiv belegt ist und welches Sie fördern müssen. Es ist schon auch ein Teil von Selbstmarketing, welches man hier (vor allem am Anfang) machen muss, um sich ein gewisses Standing am neuen Arbeitsplatz zu erarbeiten.

Ziel des Standings muss neben der fachlichen auch die persönliche Akzeptanz sein. Es geht also darum, nicht von jedem geliebt zu werden, sondern akzeptiert. Das ist ein großer Unterschied und gerade für Berufseinsteiger oftmals nicht so einfach zu überblicken.

„Akzeptanz wird über Wissen erworben und nicht verliehen."

Justus Vogt

Was sind die größten Hürden beim Berufseinstieg?

In einer im Jahr 2011 durchgeführten Studie mit dem Titel *Welche Hindernisse ergaben sich bei Ihrem Berufseinstieg?* untersuchte die UNIVATIV GMBH von Juni bis August 2011 Aussagen von 1.061 Akademikern mit Berufserfahrung. Die größten Hürden können Sie *Abbildung 3* entnehmen.

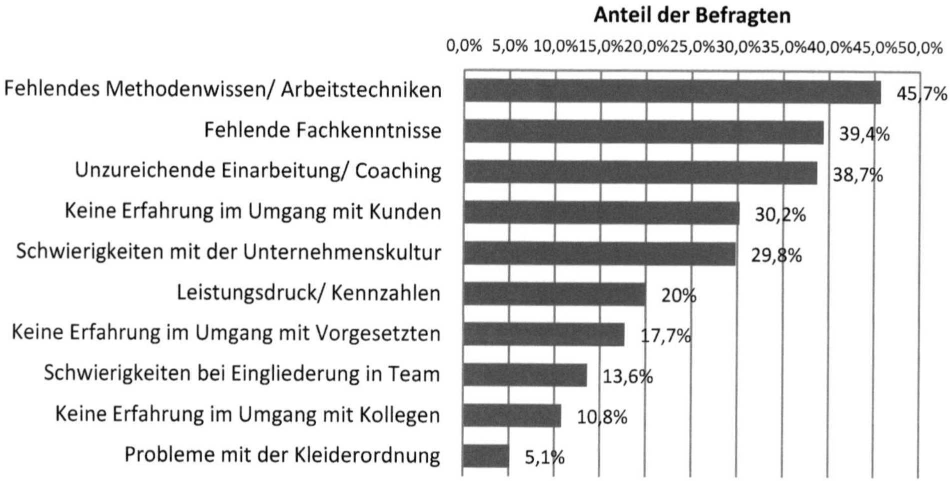

Abbildung 3: Welche Hindernisse ergaben sich bei Ihrem Berufseinstieg? [3]

Gerade in den vergangenen Jahren, vor allem durch Praktika, wurde von Seiten der Hochschulen und Universitäten der Tatsache begegnet, dass es v.a. an Methodenwissen mangelte. Des Weiteren haben viele Hochschulen die Curricula der jeweiligen Studienrichtungen angepasst und setzen nun stärker auf das in der Praxis benötigte Methodenwissen.

„Hindernisse überwinden ist der Vollgenuss des Daseins."

Arthur Schopenhauer

Doch es zeigt sich auch, dass der Einstieg in den Berufsalltag oftmals nicht so *„au passage"* zu meistern ist, wie viele sich das vielleicht vorstellen. Es gibt hier an den Themen selbst und auch an sich zu arbeiten und Tag für Tag sich in die benötigten Gegebenheiten hinein zu denken.

Was wird benötigt?

- Komplexes Denken und Hineindenken in neue Aufgaben.
- Konkretes und zielgerichtetes Handeln.
- Zielstrebigkeit auch bei Rückschlägen.
- Flexibilität und Durchhaltewillen.
- Bescheidenheit und gute Umgangsformen.

In einer von den Autoren durchgeführten, nicht repräsentativen Umfrage gaben 29,8 Prozent aller Befragten an, in einer gewissen Angst zu leben, nicht die passende Stelle nach dem Studium zu finden. 17 Prozent ist sich dabei sogar fast sicher. Jedoch gaben auch 17 Prozent an, sich hier keine Sorgen zu machen.

Was ist Berufseinsteigern wichtig?

Diese Frage stellte STEPSTONE rund 3.000 Absolventen und Berufseinsteigern in Deutschland im Mai 2017. Das Ergebnis zeigt ein eindeutiges Bild. 89 Prozent gaben an, dass eine gute Beziehung zu den Kollegen für sie wichtig ist. 83 Prozent möchten Wertschätzung erleben, 81 Prozent legen sehr großen Wert auf die Work-Life-Balance und 78 Prozent erbitten sich eine gute Entwicklungs- und Weiterbildungschance. Nur 58 Prozent legen Wert auf eine Unternehmenskultur und rund 48 Prozent haben angegeben, dass ein ansprechendes und gut ausgestattetes Büro für sie von hoher Wichtigkeit ist.[4]

In einer von den Autoren durchgeführten, nicht repräsentativen Umfrage haben 82,9 Prozent aller Befragten angegeben, sich sehr oder stark auf den Berufseinstieg zu freuen. Lediglich 2,1 Prozent der Befragten kann sich mit dem Berufseinstieg nicht anfreunden.

Das Ergebnis der Umfrage zeigt ganz klar auf, dass die oftmals als Soft-Skill-Themen abgetanen Punkte, wie Wertschätzung des Einzelnen und dessen Arbeit, einen guten und harmonischen Umgang im Team und die Möglichkeit des Weiterkommens, an oberster Priorität in der Realität stehen. Das Thema Einkommen und die finanzielle Entwicklungsmöglichkeit spielt keine direkte Rolle.

Welche Themen sind von Bedeutung?

- Gutes Arbeitsklima und Teamspirit.
- Weiterentwicklungsmöglichkeiten und Fortbildungen.
- Wertschätzung für die geleistete Arbeit erhalten und dafür ein Lob bekommen.

- Guter Ruf des Unternehmens und gute Reputation.
- Agiles Unternehmen, das der Zukunft zugewandt ist.
- Zusätzliche Anreize wie: hochwertiges Arbeitsmaterial, Essen, Snacks, Getränke, Sportangebot, regelmäßige Teamveranstaltungen sind von Bedeutung.
- Nicht von hohem Belang ist die monetäre Bedeutung bzw. deren übergeordnete Rolle.

Nach dem Studium ist vor dem lebenslangen Lernen

Das Rüstzeug für den neuen Traumjob hat man an der Hochschule zuhauf erhalten. Man hat Praktika absolviert, war im Ausland und hat sich in die Fachthematik neuer Anforderungen hineingefunden. Und dennoch beginnt am ersten Tag des Berufseinstiegs ein neues Kapitel des Lernens:

In einer von den Autoren durchgeführten, nicht repräsentativen Umfrage haben nur 17 Prozent aller Befragten angegeben, sich umfänglich fit für den Arbeitsmarkt zu fühlen. Ein Großteil der Befragten, 36,2 Prozent, sieht noch Verbesserungspotential. 6,4 Prozent geben sogar an, deutliche Lücken bei sich zu erkennen.

Es handelt sich hierbei um ein praktisches Hinzulernen und Anwenden der bereits veranlagten Theorie sowie um das große Kapitel des lebenslangen Lernens, welches uns voranbringt und ewig begleitet. Daher ist das Motto, *ich bin nun fertig mit der Hochschule, nun kann ich mich erstmals von den anstrengenden theoretischen Fragestellungen verabschieden und schaue mal, was so im Unternehmen gemacht wird*, grundlegend falsch. Denn gerade jetzt geht es erst richtig los.

Abbildung 4 zeigt einen solchen lebenslangen Weg exemplarisch auf.

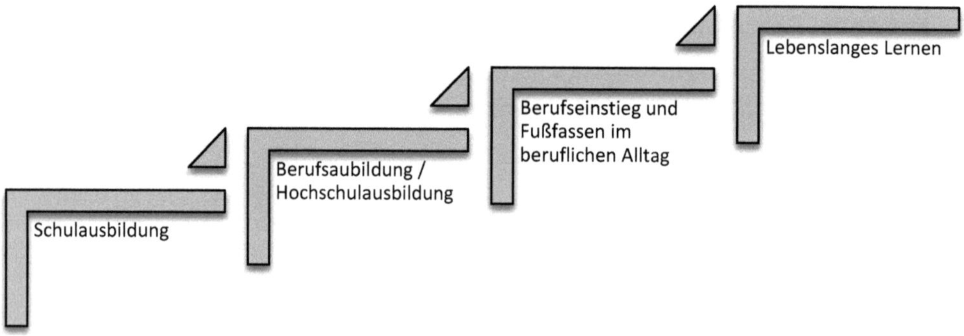

Abbildung 4: Entwicklungsweg des lebenslangen Lernens

▶ Tipp:

Auch die Europäische Union (EU) unterstützt das Konzept des lebenslangen Lernens mit vielseitigen Programmen und Initiativen. Von COMENIUS über ERASMUS+ bis JEAN MONNET werden hier vielfache Möglichkeiten angeboten. Näheres können Sie hier erfahren:

http://ec.europa.eu/education/lifelong-learning-programme_de

Der Teamaufbau und wo ist mein Platz?

Das Wort **TEAM** sollte auf keinen Fall als Akronym für:

Toll **E**in **A**nderer **M**acht's

gelten. Leider ist dies aber in der Praxis oftmals der Fall! Gute und leistungsstarke Unternehmen bauen daher ihre Teams auf eine ganz spezielle und gewissenhafte Weise zusammen. Neben der fachlichen Qualifikation, welche natürlich vielfach im Vordergrund steht, sind auch persönliche Eigenschaften der jeweiligen Teammitglieder wichtig. Denn nur wenn ein Team harmonisch und gut aufeinander abgestimmt agiert, kann es Höchstleistung erreichen und über alte Grenzen hinaus agieren.

Vielfach werden Personalführungsinstrumente, wie z.B. das von PERSOLOG® entwickelte Verhaltensprofil (DISG-MODELL)[5] eingesetzt, um Mitarbeiter in Teams effektiv zusammenstellen zu können. Hierbei wird mittels eines Selbstanalyseverfahrens versucht, sowohl die persönlichen Eigenschaften hinsichtlich Arbeitsstil als auch die damit verbundenen potentiellen Konfliktfelder zu analysieren und mittels eines Trainers dann daraus Rückschlüsse gezogen bzw. Maßnahmen im Team veranlasst.

Abbildung 5 zeigt die jeweiligen Kategorien auf, welche in gewisser Form in jedem von uns veranlagt sind. Ziel ist es, die dominanten Formen zu finden.

War früher oftmals der Chef der maßgebliche Gestalter der Teamsteuerung und eines Teams an sich, so ist dies heute das Team selbst. Denn Self-cloning, also Mitarbeiter einzustellen, die einem ähneln, hat sich als falsch erwiesen. Diversity, also die Vielfalt aller Möglichkeiten, führt zu einem deutlich besseren Teamergebnis und ist daher oftmals zielführender.

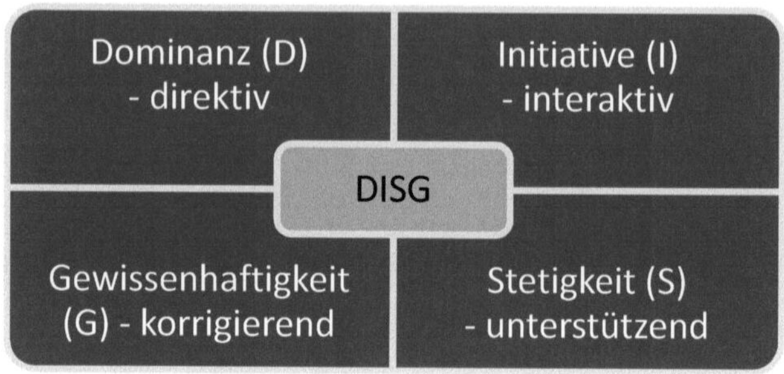

Abbildung 5: DISG-Modell – persolog GmbH[6]

Der Erfolg eines Teams ist von jedem Teammitglied abhängig. Denn jeder kann den Erfolg fördern oder aber auch bremsen oder komplett verhindern. Daher sollten aktive Teamrunden, die nicht einem internen Projekt, sondern dem Team selbst gelten, regelmäßig gemacht werden.

Fragen einer Teamrunde sind:

- Wo stehen wir gerade?
- Was ist unser nächster Schritt und unser Plan?
- Woran müssen wir persönlich arbeiten?
- Was kann jeder einzelne dazu beitragen?
- Was haben wir seit dem letzten Mal erreicht?

Solche Runden können im kleinen Rahmen im Büro oder aber auch im Rahmen eines Off-site durchgeführt werden.

Das Off-site

Gerade für Berufseinsteiger oftmals ein absoluter Fremdbegriff und für viele auch etwas „unheimlich". Bei einem Off-site handelt es sich um einen (meist mehrtägigen, aber zumindest mit einer Übernachtung angelegten) Termin, der nicht in den Räumen der Firma, sondern in einer lockeren und attraktiven Umgebung stattfindet. Meist wird ein Hotel oder Resort mit dementsprechendem Rahmenprogramm gebucht. Ziel eines Off-site kann es sein, interne Themen mit z.B. Strategiebelang zu vertiefen und zu besprechen oder Themen komplett neu zu erarbeiten.

Bei der Durchführung eines Off-site helfen in der Regel Management-Trainer und/oder Psychologen; je nachdem, in welche Richtung das Thema gewünscht ist. Ziel ist es, am Ende des Off-site einen beschlossenen Plan, den alle Anwesenden mittragen, mit nach Hause nehmen zu können und diesen dann dort umzusetzen.

Als Rahmenprogramm wird oftmals der Aspekt der Teambildung und Vertiefung in den Mittelpunkt gerückt. So kämpfen sich jedes Jahr Heerscharen von Angestellten und Managern durch Kletterparks, gehen zum Wildwasser-Rafting oder machen gemeinsame Koch- und Grillkurse. Auch hier kommt der Erfolg (so ist es gewollt) aus dem Teams selbst. Gehen diese mit einem offenen und vorurteilsfreien Denken heran, kann sehr viel Positives daraus entstehen. Die Energie des Teams wird auf ein höheres Niveau gehoben und in die Arbeitswelt transportiert. Barrieren und Ressentiments werden abgebaut, dagegen das gegenseitige Verständnis für Entscheidungen, Handlungen, Aussagen und Reaktionen aufgebaut. Dies fördert neben dem Miteinander auch das Füreinander und prägt dadurch eine verantwortungsvolle und gleichzeitig vertrauensvolle Arbeitsatmosphäre.

Sie als Berufseinsteiger sollten sich in diesen Off-sites bestmöglich, aber bitte ohne aufdringlich zu wirken, einbringen. Es ist die beste Chance, ein aktiver Teil des Teams zu werden und den Kolleginnen und Kollegen sowohl Ihre fachliche als auch persönliche Seite zu zeigen. Lassen Sie die Kollegen „an sich ran" und lernen Sie sich gegenseitig kennen. Sprechen Sie offen und lassen Sie sich auf die Übungen ein, welche meist unter sehr fachkundiger Anleitung eines Trainers durchgeführt werden. Es stellt eine große Chance dar, sich schnell in ein bestehendes Team zu integrieren. Durch gemeinsame Erlebnisse schafft man eine gemeinsame Erinnerung und somit eine gute Grundlage zur Zusammenarbeit.

Feiern ja, aber bitte aufgepasst!

Gerade als Berufseinsteiger muss man sich vor dem einen oder oder anderen Fettnäpfchen in Acht nehmen. Bei Off-sites und ähnlichen Veranstaltungen und/oder auch Feiern (sehr gerne genommen die Weihnachtsfeier im Betrieb) sollten Sie sehr darauf achten, nicht aus dem „Rahmen" zu fallen. Dies gilt vor allem, wenn alkoholische Getränke gereicht werden und es zu einer ausgelassenen Stimmung kommt. Sie sollen auf keinen Fall eine Spaßbremse sein, aber immer einen kühlen Kopf bewahren – und nicht vergessen, morgen sitzen Sie alle wieder zusammen im Büro. Und es soll ja nicht peinlich werden.

Der Wissenstransfer im Team

Für viele Unternehmen ist das Thema Wissenstransfer zwischen Berufseinsteiger und „alten Hasen" eine sehr wichtige und herausragende Notwendigkeit zur Regenerierung des Unternehmens. Denn durch das neue theoretische Wissen der Berufseinsteiger und das altbekannte und an Erfahrung nicht zu übertreffende Wissen der „alten Hasen" schaffen Unternehmen eine Möglichkeit, von beiden Seiten zu profitieren (siehe Abbildung 6). Daher ist oftmals das Thema Wissenstransfer sowie Diversity von hoher Wichtigkeit, um die so geannte Agilität im Team zu fördern und zu stärken.

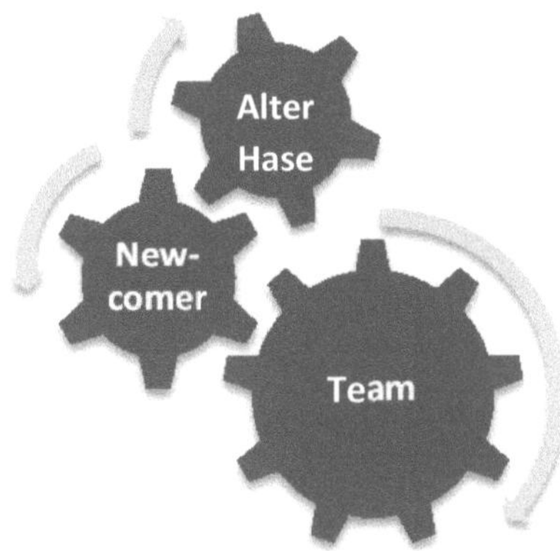

Abbildung 6: Zusammenspiel im Team

Die Stellenausschreibung

Viele Unternehmen bieten auf deren Internetpräsenz ein Portal mit den aktuellen Stellenausschreibungen wie auch den Hinweisen auf Initialbewerbungen, also Bewerbungen auf Stellen, die nicht ausgeschrieben sind. Des Weiteren gibt es gesonderte Jobbörsen, auf denen diese Stellenausschreibungen aufgeführt werden. Nachfolgend zeigen wir einige dieser Jobbörsen bzw. deren Internetadressen auf. Die Auswahl erfolgte nach Trefferquote über das Suchportal GOOGLE.DE (hier alphabetisch geordnet).

Fünf Jobbörsen im Internet

- https://jobboerse.arbeitsagentur.de
- https://www.jobbörse.de
- https://www.kimeta.de
- https://www.monster.de
- https://www.stepstone.de

Die Stellenausschreibungen sind meist in zwei Teile gegliedert: Zum einen in den Bereich der Aufgabe, welche übertragen werden soll, und zum anderen in das angeforderte Profil für diese Aufgabe. Oftmals gibt es einen weiteren Teil, in dem sich der Arbeitgeber (sozusagen als Rahmenhandlung) vorstellt bzw. über diesen informiert wird. Wichtig ist es, wenn Sie sich auf eine Stelle bewerben, dass Sie den Anforderungen dieser Stelle gewachsen sind und diese auch erfüllen können. Sollte dies nicht der Fall sein, laufen Sie Gefahr, schon in der ersten

Runde aussortiert zu werden. Dies kann den Frustlevel sehr schnell ansteigen lassen und ist daher nicht zu empfehlen.

Des Weiteren ist darauf zu achten, ob die Stelle für Berufseinsteiger (also z.B. in Form einer Trainee-Stelle) oder für im Berufsleben bereits befindliche ist. Nachfolgend finden Sie zwei Stellenausschreibungen, welche die jeweiligen Unterschiede aufzeigen. Die erste Stellenausschreibung ist für Berufseinsteiger mittels eines Trainee Programmes. Die darauffolgende ist für neue Mitarbeiter, welche schon Berufserfahrung vorweisen können.

Stellenausschreibungen für Trainee-Stelle und eine Stelle mit Berufserfahrung[7]

Aufgabe:

- Im Rahmen des Trainee-Programms arbeiten Sie im Bereich Recht mit und erwerben so vertiefte Kenntnisse über die Strukturen und Abläufe im Bereich. Während Ihrer 24-monatigen Ausbildung ha ben Sie auch die Möglichkeit, andere Bereiche kennenzulernen.
- Mitarbeit in interdisziplinären Projektteams
- Beratung der Bereiche, Geschäftsstellen und Tochtergesellschaften
- Prüfung und Beantwortung verschiedenster im Unternehmen und im Vorstand anfallender Rechtsfragen
- Mandatierung und Steuerung externer Rechtsberater im In- und Ausland

- Mitwirkung bei der rechtlichen Strukturierung und Begleitung von Transaktionen über großvolumige Vermögensgegenstände (Strukturierte Finanzierung, Leasing und Kapitalanlageprodukte)
- Mitarbeit bei dem Entwerfen, Kommentieren, Verhandeln, Abschluss und Betreuung von Vertragswerken
- Hervorragende praktische Ausbildung ‚on the job' im Zivil-, Wirtschafts-, Handels- und Gesellschaftsrecht
- Rechtliche Unterstützung im Rahmen von Bestandsfällen, Restrukturierungen sowie der Entwicklung neuer Produkte
- Die Position ist im Bereich Recht ausgeschrieben und hat die Stellennummer 503.

Profil:

- Erfolgreich abgeschlossenes Rechtsstudium (zwei Staatsexamina), wobei der Studienabschluss nicht länger als 18 Monate zurückliegen darf
- Erste praktische Erfahrung (z.B. in Form von Praktika) in einem vergleichbaren Aufgabenfeld, idealerweise im Bereich Recht
- Ausgeprägtes Verständnis wirtschaftlicher Zusammenhänge
- Sicherer Umgang mit MS-Office-Anwendungen
- Gute Englischkenntnisse in Wort und Schrift

- Hohe Kommunikationsfähigkeit, Teamgeist, Kreativität und Durch setzungskraft
- Analytisches und konzeptionelles Denken sowie ziel- und ergeb nisorientierter Arbeitsstil
- Interesse an lebendiger Tätigkeit in einem dynamischen Umfeld

Compliance Counsel/Jurist (m/w)

Aufgabe:

Als Compliance Counsel/Jurist arbeiten Sie in einem Team von Juristen in Markets Compliance. Dabei beantworten Sie als Mitarbeiter des operativen Kompetenzzentrums die Anfragen der Aufsichtsbehörden, der Inhouse-Beratung bei allen Markets Compliance-Fragen und kümmern sich um entsprechende Regelwerke. Darüber hinaus übernehmen Sie die Funktion des zentralen Ansprechpartners zum Dodd/Frank Act, arbeiten an der Erstellung des Jahresberichtsteils zu Wertpapier-Compliance sowie in Projekten mit, wie z.B. MiFIR. Zu Ihren Aufgaben gehört auch die Wahrnehmung operativer Steuerungs- und Kontrollaufgaben und begleiten WpHG-Prüfung, Auditor's Independence Prozess, Secretary to the Global Markets Compliance Committee etc.). Sie unterstützen als kompetenter Ansprechpartner unsere Compliance-Einheiten u.a. in New York, London und Singapur und entwickeln Gruppenstandards, die weltweit zur Festigung der Compliance-Kultur beitragen.

Profil:

- Abgeschlossenes juristisches Hochschulstudium, 2. Staatsexamen wünschenswert
- Mindestens 3 Jahre Berufserfahrung, davon möglichst auch im Fachgebiet Compliance
- Grundkenntnisse des WpHG und des KWG sowie der Verlautbarungen nationaler Aufsichtsbehörden (insb. BaFin)
- Idealerweise gute Kenntnisse von Produkten im Wertpapiergeschäft
- Sehr gute Englischkenntnisse in Wort und Schrift, weitere Sprachen von Vorteil
- Analytisches Denkvermögen, selbstständige, ziel- und lösungsorientierte Arbeitsweise, konzeptionelle Fähigkeiten sowie Eigeninitiative und Leistungsbereitschaft
- Teamfähigkeit, Konfliktfähigkeit und Zuverlässigkeit

In einer von den Autoren durchgeführten, nicht repräsentativen Umfrage haben 80,9 Prozent aller Befragten angegeben, sich sehr tief und intensiv mit der Fragestellung des späteren Jobs und dem damit verbundenen Einstieg zu beschäftigen. Des Weiteren geben 74,5 Prozent an, sich stark damit zu beschäftigen, in welchem Unternehmen sie später arbeiten möchten.

Die Bewerbung

Die Bewerbung um einen Arbeitsplatz hat sich in den vergangenen Jahren deutlich verändert. War bis vor einigen Jahren die klassische Bewerbung noch in einer Bewerbungsmappe, mit Anschreiben, tabellarischem Lebenslauf etc. zu finden, so verändert sich dieses Verfahren. Die formularbasierte Bewerbung mittels Internet ist zum Standard geworden. Nach einer Umfrage von MONSTER.DE, CHRIS UND DER UNIVERSITÄT BAMBERG bei 126 der 1.000 größten Unternehmen in Deutschland bevorzugen 67,6 Prozent aller Unternehmen die formularbasierte Variante, nur noch 3,7 Prozent die papierbasierte Bewerbungsmappe. 23,8 Prozent kann sich eine Bewerbung per E-Mail als beste Form vorstellen.[8] Dieser Trend zeigt deutlich auf, wie die Digitalisierung auch im Personalbereich Einzug gehalten hat.

Der Aufbau der formularbasierten Bewerbung ist oftmals jedoch derselbe wie die der guten alten Bewerbungsmappe, lediglich in digitaler Form. Neben einem aussagekräftigen und motivierten Anschreiben sollten ein aussagekräftiger Lebenslauf mit Belegen (Zeugnissen, Abschlussurkunden etc.) beigefügt werden. Formale Bestimmungen für manche Branchen wie z.B. das polizeiliche Führungszeugnis etc. werden oftmals erst nach der ersten Screening-Runde angefordert. Es schadet jedoch auch nicht, wenn diese der Erstbewerbung gleich beigelegt werden. Was für die von Ihnen bevorzugte Stelle von Bedeutung ist, erfahren Sie in der Regel in der Stellenausschreibung bzw. sollten Sie direkt erfragen. Oft wird man bei einer Online-Bewerbung durch ein System geführt, welches keine Möglichkeit lässt, Unterlagen zu vergessen oder zu übersehen. Achten sie dennoch penibel darauf.

Wichtig ist, dass man sich für die online-Bewerbung genau dieselbe Zeit wie für eine Bewerbungsmappe nimmt. Oftmals verleitet ein Online-Formular dazu, schneller bzw. ohne den benötigten Tiefgang hier unterwegs zu sein. Dies sollte unter allen Umständen vermieden werden. Laut einer Umfrage von YouGov benötigen circa 50 Prozent aller Befragten zwischen einer und drei Stunden für das Erstellen der Bewerbung, 16 Prozent vier bis sechs Stunden. Der Rest der Befragten gab an, weniger als eine Stunde (28 Prozent) oder deutlich mehr als sechs Stunden (5 Prozent) gebraucht zu haben.[9] Sie sollten sich hieran orientieren und lieber einmal mehr kritisch drüber schauen, als einmal zu wenig.

Je nach Aufbau ist die Bewerbung (also das Bewerbungsschreiben an sich) im System direkt zu erfassen bzw. z.B. als PDF-Dokument hochzuladen. Für beide Varianten gilt, dies ist Ihre Visitenkarte nach außen und das, was der Recruiter zum ersten Mal von Ihnen sieht. Dieses Anschreiben muss einwandfrei sein. Keine Schreibfehler, keine Dauerbandwurmsätze, keine Floskeln. Prägnant, einprägsam, sachlich und konsequent. Es muss das aussagen, wie Sie sind und was Sie (und bitte nur von der allerbesten Seite) Ihrem zukünftigen Arbeitgeber über sich erzählen wollen. Nehmen Sie sich hierfür Zeit, lassen Sie die Meinung von anderen zu und überarbeiten Sie den Text immer wieder, bis Sie damit zu 100 Prozent zufrieden sind. 99 Prozent wäre hier zu wenig.

Was ist wichtig für das Bewerbungsschreiben?

- Zunächst es muss formal korrekt sein.; also Rechtschreibung, Grammatik, Anreden und Namen etc.
- Es muss Ihre Begeisterung für die angebotene Stelle zum Ausdruck bringen.

- Es muss aufzeigen, dass Sie genau die richtige Besetzung sind, ohne dabei arrogant oder aufdringlich zu wirken.
- Es muss den persönlichen Einsatzwillen und den Ehrgeiz aufzeigen.
- Es muss etwas über den Menschen hinter der Bewerbung verraten, ohne zu viel preiszugeben. Ziel ist es, neugierig zu machen, um zum Gespräch eingeladen zu werden.

Dasselbe gilt für den Lebenslauf. Bei diesem ist, neben der inhaltlichen Korrektheit, die Darstellung von großer Bedeutung. Ein langweilig wirkender Lebenslauf wird nicht dadurch besser, indem man diesen auch noch langweilig darstellt. Daher gilt hier, zeigen Sie, was Sie können, aber ohne Übertreibungen und ohne aufdringlich zu sein. Nehmen Sie auch hier die Meinung anderer an und fragen Sie aktiv bei Menschen nach, die sich hiermit schon öfters beschäftigt haben. Wie auch beim Bewerbungsschreiben lebt ein Lebenslauf. Er sollte daher ständig überarbeitet und verbessert werden.

Der Lebenslauf

- Neben Ihren persönlichen Angaben wie Name, Geburtstag und Geburtsort, Wohnort und Kontaktdaten sollte dieser folgendes enthalten:
- Kurzprofil: Maximal 3 Punkte zur Zusammenfassung. Dies könnte z.B. sein: Studium International Finance, Schwerpunkt quantitative Methoden, Ausbildung Bankkaufmann. Ziel ist es, kurz und knackig zu wissen, was danach alles kommt.

- Daten von Studium und Ausbildung inkl. Zeiten und ausführlicher Beschreibung. Vor allem auf so Punkte wie Abschlussarbeit zum Thema XXX eingehen. Das macht sie interessant.
- Praktika: Geben Sie an, was Sie an Praktika gemacht haben, in welchen Unternehmen und mit welchem zeitlichen Aufwand.
- Auslandsaufenthalte: Geben Sie alle Auslandsaufenthalte an, welche der Fortbildung gedient haben. Also Auslandssemester, Sprachreisen und Trainings, etc.
- Außeruniversitäres Engagements: Wo haben Sie sich beteiligt, wo sind Sie Mitglied, was haben Sie hier gemacht?
- Besondere Kenntnisse: Sprachen, EDV-Kenntnisse, Spezial-IT-Anwendungen (z.B. Matlab®; Bloomberg®; ThomsonReuters® etc.)
- Welche Hobbys bzw. Interessen haben Sie sonst? Das trägt dazu bei, den Menschen hinter der Bewerbung kennen zu lernen. Bitte sind Sie hier nicht zu ausufernd, sondern beschränken Sie sich auf das Wesentliche und was interessant sein könnte.
- Lassen Sie uns an dieser Stelle kurz zur Form des Lebenslaufs kommen. War bis vor ein paar Jahren ein tabellarischer Lebenslauf, sehr schlicht gehalten und auf die wesentlichen Informationen beschränkt, gang und gäbe, so kann man sich heute deutlich mehr Gestaltungsspielraum erlauben. Die Darstellung von Entwicklungswegen mittels Entwicklungsgrafik, das Darstellen von Kenntnissen mittels Piktogramme etc. ist heute durchaus gewünscht und macht neugierig und Appetit auf

mehr. Ein klassischer Lebenslauf wirkt da eher langweilig und uninteressant, obwohl er vielleicht denselben Inhalt vermittelt. Hier kommt es auf das „Verkaufen" der Information an. Aber aufgepasst, es darf weder zu verspielt noch kitschig daherkommen. Eine Bewerbung ist ein ernstzunehmender Vorgang und sollte auch als ein solcher verstanden werden. Dennoch gilt, ein stilsicheres und auf Selbstmarketing ausgerichtetes Dokument wird Anklang finden. Beachten Sie hierbei die für die Branche spezifischen Stilelemente.

Des Weiteren ist immer zu empfehlen: Sollten sich neben den Standardfeldern individuelle Felder in der Online-Bewerbung ausfüllen lassen, so sollten diese auch genutzt werden. Denn umso konkreter man sich selbst beschreibt, woher man kommt, was man gemacht hat und was man erreichen will, desto höher ist der Grad, nicht aussortiert zu werden. Gibt man z.B. nur BWL als Studienrichtung an, kommt man in den großen Topf aller BWL-Studierenden. Kann man jedoch konkretisieren, so kann dies Vorteile erbringen. Eines gilt für alle Formulare: sie müssen vollständig sein. Wer hier zu unkonkret ist oder nicht vollständige Unterlagen einreicht, wird das Nachsehen haben.

Was gilt bei der Online-Bewerbung?

- Viel Zeit nehmen und nicht schludern!
- Das Anschreiben muss absolut top sein!
- Gibt es die Möglichkeit, Anschreiben, Lebenslauf etc. per PDF hochzuladen, sollte immer diese Variante gewählt werden.

- Konkret und so genau, wie es geht, alles ausfüllen.
- Statt pauschale Dinge auswählen, lieber individuelle Felder nutzen.
- Unterlagen und Angaben müssen vollständig und belegbar sein.
- Es gilt, den Recruiter von sich zu überzeugen!
- Eine Online-Bewerbung ist wie eine Bewerbungsmappe anzusehen. Lassen Sie sich nicht vom Bedienkomfort täuschen.
- Machen Sie sich eine Checkliste, auf der Sie abhaken können, damit sie nichts vergessen.

Ist die Bewerbung erst einmal abgeschickt, beginnt die Zeit des Wartens auf eine Rückmeldung. Sie können nun vorerst nichts mehr tun, sollten, jedoch täglich die zur Verfügung stehenden Eingangskanäle wie Post, E-Mail etc. überprüfen. Vor allem im Bereich E-Mail auch die SPAM-Ordner, da nicht selten Begriffe wie Bewerbung etc. in diesen abgelegt werden.

TALENTS CONNECT (22CONNECT AG) hat in einer Erhebung durch YOUGOV gefragt, wie lange die Rückmeldedauer der Unternehmen an die Bewerber im Durchschnitt ist. Das Ergebnis: Ein Großteil der Rückmeldungen dauert nicht länger als vier Wochen. Oftmals erfolgt die Rückmeldung sogar schon deutlich früher. *Abbildung 7* zeigt die jeweiligen Antworten konkret auf.

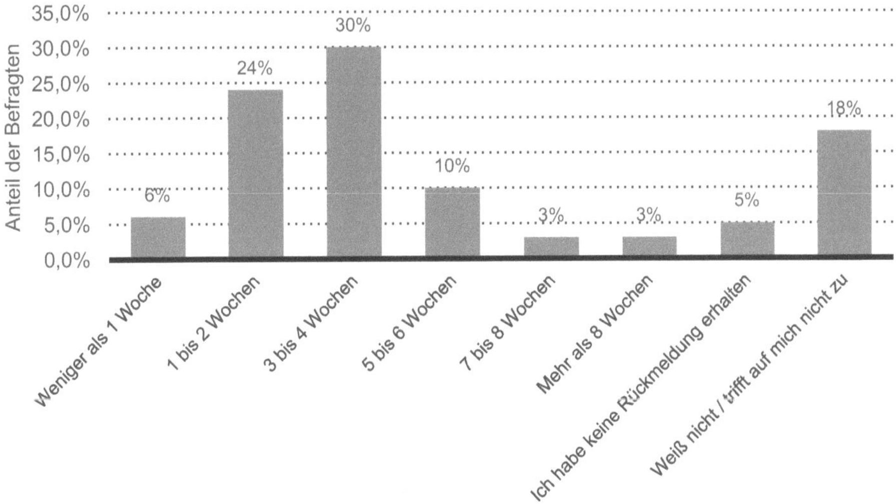

Abbildung 7: Wie lange dauerte es bei Ihnen durchschnittlich von Ihrer Bewerbung bis zur Rückmeldung des Unternehmens? [10]

Wir können daher empfehlen, sollten Sie circa drei bis vier Wochen nach dem Absenden der Bewerbung noch nichts vom Unternehmen gehört haben, sollten Sie dort proaktiv nachfragen. Die Möglichkeit, dass Ihre Bewerbung aus irgendeinem Grund nicht berücksichtigt wurde oder gar „untergegangen" ist, besteht durchaus.

Auch treibt viele Bewerber die Frage um, wie viele Bewerbungen man schreiben muss, um ans Ziel zu gelangen. Dies ist nicht pauschal zu beantworten. Dennoch empfiehlt es sich, hier breit zu streuen und nicht nur auf „ein Pferd" zu setzen.

Eine Umfrage von YouGov unter 1.055 Teilnehmern hat ergeben, dass 35 Prozent der Teilnehmer eine bis neun Bewerbungen (im Leben – also auch über die Erstbewerbung hinaus) geschrieben haben. 18 Prozent schrieben zehn bis 19 Bewerbungen, 16 Prozent 20 bis 40 Bewerbungen und 25 Prozent gaben an, sogar mehr als 40 Bewerbungen geschrieben zu haben. Lediglich sechs Prozent alle Befragten gaben an, keine Bewerbung benötigt zu haben.[11] *Abbildung 8* zeigt diese Daten nochmals grafisch auf.

Aus diesen Zahlen lässt sich ableiten, dass es durchaus Sinn macht, hier breiter zu streuen und die breite Masse der Angebote vollständig mit Bewerbungen zu überziehen. Dies gilt auch für alle weiteren Bewerbungsverfahren über den Berufseinstieg hinaus.

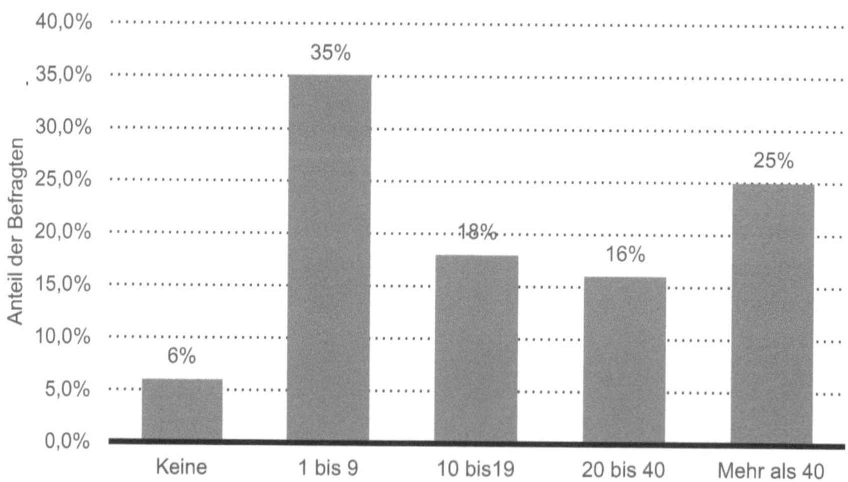

Abbildung 8: Was schätzen Sie: Wie viele Bewerbungen haben Sie in Ihrem Leben geschrieben?[12]

Das Assessment Center

Die Bewerbung ist schon seit einiger Zeit abgeschickt und die quälend lange Zeit des Wartens hat ein Ende – per Telefon oder Mail kommt endlich die Einladung zum Vorstellungsgespräch. Für viele Unternehmen bildet das klassische Bewerbungsgespräch aber nur noch einen Baustein eines umfassenderen Auswahlverfahrens, dem Assessment Center. Durch den Einsatz verschiedenster Testverfahren soll hier der Bewerber gefunden werden, der am besten zu den Anforderungen der offenen Stelle passt. Hiervon profitiert nicht nur das Unternehmen, sondern auch der Bewerber. Wer möchte schon einen Job, der ihn über- oder unterfordert?

Das Assessment Center in Zahlen[13]

- Unternehmen mit hoher Mitarbeiterzahl: 90 Prozent setzen AC ein
- Kleinere Unternehmen: 55 Prozent setzen AC ein
- Typisch: Dauer ein bis drei Tage, vier bis fünf Übungen, acht bis zehn Teilnehmer
- Beliebteste Übungen: Präsentation, Rollenübung, Fallstudie
- Häufigste Zielgruppe: Nachwuchs- und Führungskräfte

Ein klassisches Assessment Center dauert zwischen einem und drei Tagen. In der Regel werden dabei Anfahrtskosten, aber auch eventuell entstehende Kosten für

Kost und Logis vom potentiellen Arbeitgeber übernommen. Während des Assessment Center werden meist mehrere Kandidaten gleichzeitig getestet. Häufig werden auch Aufgaben gestellt, die eine Interaktion mit den anderen Kandidaten erfordert, zum Beispiel in Form von Gruppendiskussionen.

Für das klassische Assessment Center gilt, dass die Tests und Aufgaben, die bearbeitet werden, unabhängig voneinander sind, das heißt die Aufgaben bauen nicht aufeinander auf und die Ergebnisse aus zuerst bearbeiteten Aufgaben wirken sich nicht auf darauffolgende Aufgaben aus. Um ein realitätsgetreueres Szenario abzubilden, kann aber auch ein erweitertes Assessment Center durchgeführt werden. Die Aufgaben bauen dann aufeinander auf und Informationen aus früheren Aufgaben können wichtig für die Bearbeitung späterer Aufgaben sein.

Welche Testverfahren während des Auswahlprozesses eingesetzt werden, ist immer abhängig von den Fähigkeiten, die für die zu besetzende Stelle erforderlich sind.

Die am häufigsten getesteten Eigenschaften sind laut Obermann folgende:[14]

- Kommunikationsfähigkeit
- Überzeugungskraft
- Analysefähigkeit
- Konfliktfähigkeit
- Kooperationsfähigkeit
- Führungskompetenz

- Problemlösefähigkeit
- unternehmerisches Denken
- Engagement
- Belastbarkeit
- Zielorientierung
- Entscheidungsfreude
- Kundenorientierung
- systematisches Denken

Jede getestete Fähigkeit wird von mindestens zwei Übungen gemessen; das heißt für den Bewerber, dass eine schlechte Leistung in Test A zumindest **teilweise** durch eine gute Leistung in Test B kompensiert werden kann. Also keine Panik, falls eine Übung mal nicht so gut wie erhofft läuft. An dieser Stelle muss auch erwähnt werden, dass die gestellten Aufgaben meist mit Absicht so gestellt werden, dass die wenigsten Menschen volle Punktzahl erreichen. Wären die Aufgaben so leicht, dass zum Beispiel zehn von 20 Bewerbern die volle Punktzahl erreichen, wäre das nicht gerade förderlich, um zwischen den Bewerbern differenzieren zu können.

Moderne Tests, die am Computer durchgeführt werden, sind oftmals so konzipiert, dass die Aufgaben dem geschätzten Fähigkeitsgrad der getesteten Person entsprechen. Vereinfacht kann man sich das so vorstellen, dass alle Teilnehmer mit der gleichen Aufgabe eines Tests beginnen. Wird die Aufgabe richtig gelöst, folgt darauf eine schwerere Aufgabe, wird diese wieder richtig gelöst, die nächst schwerere usw. Wird eine Aufgabe falsch gelöst, folgt eine leichtere Aufgabe usw. Am Ende kann eine relativ genaue Aussage über das Fähigkeitslevel der Teilnehmer gemacht werden.

In der Praxis kann sich das für die Getesteten so anfühlen, als wäre man komplett mit den Aufgaben überfordert, da es quasi keine leichten Aufgaben mehr gibt, sondern immer ein Schwierigkeitsgrad gewählt wird, der dem eigenen Können gerade so entspricht oder knapp darüber liegt. Meist schneidet man deshalb besser ab, als es das eigene Gefühl während des Tests erwarten hätte lassen.

Wichtig ist außerdem zu wissen, dass auch bei Rollenspielen und ähnlichen Aufgaben nicht aus dem Bauchgefühl der Tester heraus bewertet wird. Im Voraus werden explizite Handlungen formuliert, die beobachtet werden können und als Indikator für eine Fähigkeit gelten. Zum Beispiel könnte *„Teilnehmer haut mit der Faust auf den Tisch"* als Indikator für Durchsetzungsfähigkeit gewertet werden. Umso öfter diese und andere a priori festgelegte Handlungen gezeigt werden, desto höher wird die Ausprägung der zu messenden Fähigkeit geschätzt. Hierdurch soll das Assessment Center möglichst objektiv gehalten werden. Die Bewertung der Bewerber soll schließlich unabhängig davon sein, wer sie bewertet.

Am Ende eines Assessment Centers wird in der Regel ein detailliertes Feedback zur Leistung der Teilnehmer gegeben, unabhängig davon, ob man für die Stelle geeignet ist oder nicht. Sollte es nicht geklappt haben, ist das kein Grund niedergeschlagen zu sein. Bei jedem Assessment Center hat man die Möglichkeit zu lernen, auch über sich selbst. Darüber hinaus dient ein Assessment Center nicht der Schikane der Bewerber, sondern soll sicherstellen, dass sowohl das Unternehmen den richtigen Angestellten findet, aber auch der Bewerber die richtige Stelle. Besonders bei Berufseinsteigern, die sich vielleicht noch nicht ganz sicher sind, ob der angestrebte Job der richtige für sie ist, kann ein Assessment Center, neben anderen Dingen wie beispielsweise einem Praktikum, dabei helfen Klarheit zu schaffen.

▶ Wer einen Einblick in typische Aufgaben aus Assessment Centern gewinnen will, kann unzählige Beispielaufgaben im Internet oder entsprechenden Büchern, den sogenannten „Testknackern" finden. Sollte man generell eher Schwierigkeiten mit Prüfungssituationen haben, lohnt es sich, sich der Erfahrung halber auf eine Stelle, die den Besuch eines Assessment Centers erfordert, zu bewerben, auch wenn man diese vielleicht nicht um jeden Preis antreten möchte. So kann man einen ersten Eindruck gewinnen und sich an die neue Situation gewöhnen, ohne den Druck zu verspüren, am Ende des Tages mit einem neuen Job nach Hause gehen zu müssen.

Das Einstiegsgehalt und der Arbeitsvertrag

Haben Sie alle Auswahlverfahren, Gespräche etc. durchlaufen und ist man übereingekommen, dass Sie die Stelle bekommen, geht es an einen etwas technischen Akt, den des Anstellungsvertrages. In der Regel haben die Unternehmen für diesen einen „Standardvertrag", welcher jedoch durch nicht unwesentliche Dinge Ergänzung finden kann. So können zum Beispiel zusätzliche Gehaltsbestandteile hier zum Tragen kommen. Auch ist das Thema Gehalt an sich in diesem zu regeln. Daher ist es wichtig, dass Sie sich vor Vertragsunterzeichnung einige Gedanken machen sollten, welche für Sie wichtig sind.

- Welches Gehalt stelle ich mir vor?
- Sollte es zusätzliche Gehaltsbestandteile geben?
- Welche Zusatzleistungen bietet der Arbeitgeber an?
- Was ist hier branchenüblich und wie sind die typischen Einstiegsvoraussetzungen in meiner Branche?
- Wie sind die Kündigungsfristen und welche Probezeit wird vereinbart?
- Bei einem Trainee-Programm: wie ist dieses ausgestaltet (Inhalt, zeitliche und räumliche Planung)

Das Einstiegsgehalt

Gerade das Thema Einstiegsgehalt ist immer eine große Variable, die nicht selten zu Diskussionen und oftmals auch zu Überraschungen führt. *Abbildung 9* zeigt die durchschnittlichen Einstiegsgehälter nach Branchen geordnet auf. Bitte beachten Sie hierbei, dass es sich um Durchschnittsangaben handelt und dass in dieser zusätzliche Bestandteile zum Gehalt, wie Weihnachtsgeld, Urlaubsgeld,

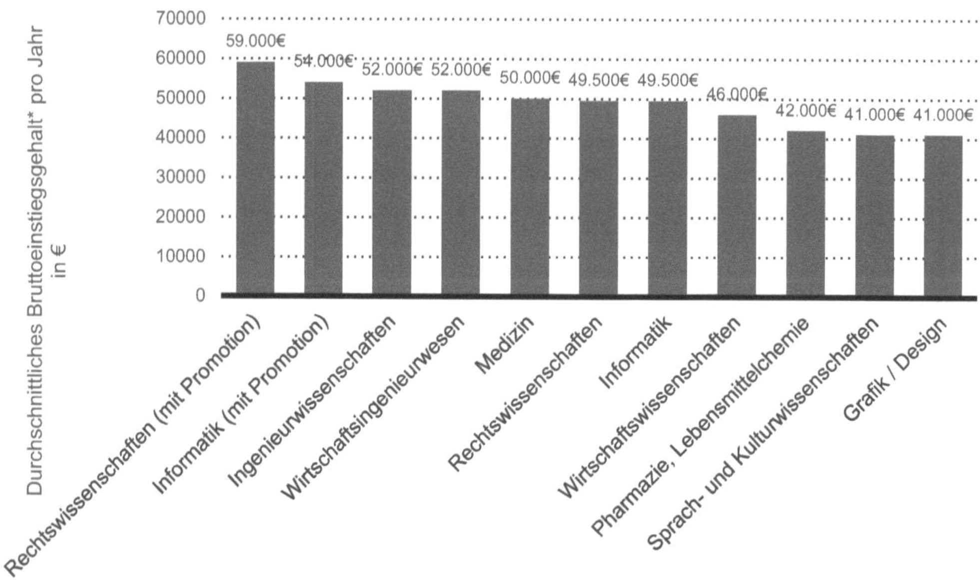

Abbildung 9: Durchschnittliches Bruttoeinstiegsgehalt für Hochschulabsolventen nach Studienrichtung in Deutschland im Jahr 2017[15]

Sonder-Bonus-Zahlungen, evtl. Zuschüsse für Umzüge, Lebenshaltung, Auto (oder gar ein Dienstwagen, was jedoch beim Berufseinstieg unüblich wäre) nicht mit eingerechnet sind.

In einer von den Autoren durchgeführten, nicht repräsentativen Umfrage haben 14,6 Prozent angegeben, das Einstiegsgehalt ist ihre höchste Priorität. 50 Prozent geben an, dass das Einstiegsgehalt eine hohe Priorität besitzt. 10,4 Prozent ist es nicht so wichtig, wie hoch das Einstiegsgehalt ist, 2,1 Prozent haben keine Priorität auf dem Thema. 22,9 Prozent sind neutral dazu eingestellt.

Was können über diese Themen hinaus noch interessante und wichtige Sonderpunkte sein? Die nachfolgende Aufzählung zeigt einige davon. Es ist jedoch zu beachten, dass dies nicht pauschal zu sagen ist, da gerade von Branche zu Branche hier große Abweichungen auftreten können. Des Weiteren besteht die Fragestellung, ob es sich um einen tariflich geregelten Arbeitsvertrag handelt oder nicht.

- Betriebliche Altersvorsorge
- Betriebliche Fürsorge wie z.B. Kantine oder Lunchzuschüsse
- Zuschüsse für Fort- und Weiterbildung
- Werden interne und externe Seminare und Trainings angeboten?
- Vergütungen von Überzeiten etc.
- Wochenarbeitszeit an sich ist ein wichtiges Thema.
- Parkmöglichkeiten bzw. Anbindung an das öffentliche Nahverkehrsnetz
- Stellt der Arbeitgeber z.B. ein Smartphone oder ähnliche Technik zur Verfügung etc.?
- Sind Leistungen im Rahmen von Gehaltsumwandlung möglich?

Der Arbeitsvertrag

Um Ihnen ein Gefühl für die Ausgestaltung eines möglichen Arbeitsvertrages zu geben, finden Sie nachfolgend einen Mustervertrag, welche die INDUSTRIE UND HANDELSKAMMER FRANKFURT (IKH) auf ihrer Internetseite zur Verfügung stellt. Bitte beachten Sie hierbei, dass ein Muster ohne Tarifbindung (da sonst keine Generalaussagekraft bestünde) gewählt wurde.

Arbeitsvertrag

für Arbeiter und Angestellte ohne Tarifbindung

(Bei Anwendung des Musters ist zu prüfen, welche Vertragsbestimmungen übernommen werden wollen. Gegebenenfalls sind Anpassungen und Ergänzungen zu empfehlen.)

Zwischen ....
(Name und Adresse des Arbeitgebers)
- nachfolgend „Arbeitgeber" genannt -
(*ggf.:* vertreten durch ....)
- nachfolgend „Arbeitgeber" genannt -

und

Herrn/Frau ....
wohnhaft ....
- nachfolgend „Arbeitnehmer" genannt -

wird folgender Arbeitsvertrag geschlossen:

§ 1 Beginn des Arbeitsverhältnisses

Das Arbeitsverhältnis beginnt am ....

§ 2 Probezeit

Das Arbeitsverhältnis wird auf unbestimmte Zeit geschlossen. Die ersten sechs Monate (*oder:* drei Monate) gelten als Probezeit. Während der Probezeit kann das Arbeitsverhältnis beiderseits mit einer Frist von zwei Wochen gekündigt werden.
oder

Dieser Vertrag wird auf die Dauer von sechs Monaten (*oder:* drei Monaten) vom ....--......... bis zum ......--........... zur Probe abgeschlossen. Nach Ablauf dieser Befristung endet das Arbeitsverhältnis, ohne dass es einer Kündigung bedarf, wenn nicht bis zu diesem Zeitpunkt eine Fortsetzung des Arbeitsverhältnisses vereinbart wird. Innerhalb der Probezeit kann das Arbeitsverhältnis mit einer Frist von zwei Wochen gekündigt werden, unbeschadet des Rechts zur fristlosen Kündigung (befristetes Probearbeitsverhältnis).

§ 3 Tätigkeit

Der Arbeitnehmer wird als .... eingestellt
und vor allem mit folgenden Arbeiten beschäftigt:

....

....

....

(Bei der Angabe der Tätigkeiten empfiehlt sich keine zu starke Einengung, da bei einer Änderung der Arbeitnehmer ansonsten zustimmen muss oder eine sozial gerechtfertigte Änderungskündigung auszusprechen ist.)

Er verpflichtet sich, auch andere Arbeiten auszuführen – auch an einem anderen Ort -, die seinen Vorkenntnissen und Fähigkeiten entsprechen. Dies gilt, soweit dies bei Abwägung der Interessen des Arbeitgebers und des Arbeitnehmers zumutbar und nicht mit einer Lohnminderung verbunden ist.

§ 4 Arbeitsvergütung

Der Arbeitnehmer erhält eine monatliche Bruttovergütung von .... € / einen Stundenlohn von................ €.

Bei Gewährung einer Sonderzuwendung unter Freiwilligkeitsvorbehalt empfiehlt es sich, diese konkret zu bezeichnen, da Freiwilligkeitsvorbehalte, die sich auf alle Leistungen in Zukunft unabhängig von Art und Entstehungsgrund beziehen, unzulässig sind. Wichtig ist neben dem Freiwilligkeitsvorbehalt der ausdrückliche Ausschluss der Anspruchsentstehung: „Auch die mehrmalige und regelmäßige Zahlung begründet keinen Rechtsanspruch für die Zukunft." Es empfiehlt sich ferner, die jeweilige Zahlung mit einem schriftlichen Hinweis zu verbinden, dass die Leistung freiwillig ist und ein Rechtsanspruch auf weitere Zahlungen ausgeschlossen ist.

§ 5 Arbeitszeit

Die regelmäßige wöchentliche Arbeitszeit beträgt .... Stunden. Beginn und Ende der täglichen Arbeitszeit richten sich nach der betrieblichen Einteilung.

§ 6 Urlaub

Der Arbeitnehmer hat Anspruch auf einen gesetzlichen Mindesturlaub von derzeit 20 Arbeitstagen im Kalenderjahr – ausgehend von einer Fünf-Tage-Woche. Der Arbeitgeber gewährt zusätzlich einen vertraglichen Urlaub von weiteren .... Arbeitstagen. Bei der Gewährung von Urlaub wird zuerst der gesetzliche Urlaub eingebracht.

Der Zusatzurlaub mindert sich für jeden vollen Monat, in dem der Arbeitnehmer keinen Anspruch auf Entgelt bzw. Entgeltfortzahlung hat oder bei Ruhen des Arbeitsverhältnisses um ein Zwölftel. Für den vertraglichen Urlaub gilt abweichend von dem gesetzlichen Mindesturlaub, dass der Urlaubsanspruch am 31.12. des jeweiligen Kalenderjahres (*oder:* mit Ablauf des Übertragungszeitraums am 31.3. des Folgejahres) auch dann verfällt, wenn er wegen Arbeitsunfähigkeit des Arbeitnehmers nicht genommen werden kann. Der gesetzliche Urlaub verfällt in diesem Fall erst 15 Monate nach Ende des Urlaubsjahres.

Bei Ausscheiden in der zweiten Jahreshälfte wird der Urlaubsanspruch gezwölftelt, wobei die Kürzung allerdings nur insoweit erfolgt, als dadurch nicht der gesetzlich vorgeschriebene Mindesturlaub unterschritten wird.

Bei Beendigung des Arbeitsverhältnisses sind verbleibende Urlaubsansprüche innerhalb der Kündigungsfrist abzubauen, soweit dies möglich ist. Der vertragliche Zusatzurlaub erlischt mit Beendigung des Arbeitsverhältnisses.

Die rechtliche Behandlung des Urlaubs richtet sich im Übrigen nach den gesetzlichen Bestimmungen.

§ 7 Krankheit

Ist der Arbeitnehmer infolge unverschuldeter Krankheit arbeitsunfähig, so besteht Anspruch auf Fortzahlung der Arbeitsvergütung bis zur Dauer von sechs Wochen nach den gesetzlichen Bestimmungen. Die Arbeitsverhinderung ist dem Arbeitgeber unverzüglich mitzuteilen. Dauert die Arbeitsunfähigkeit länger als drei Kalendertage, hat der Arbeitnehmer eine ärztliche Bescheinigung über das Bestehen sowie deren voraussichtliche Dauer spätestens an dem auf den dritten Kalendertag folgenden Arbeitstag vorzulegen. Diese Nachweispflicht gilt auch nach Ablauf der sechs Wochen. Der Arbeitgeber ist berechtigt, die Vorlage der Arbeitsunfähigkeitsbescheinigung früher zu verlangen.

§ 8 Verschwiegenheitspflicht

Der Arbeitnehmer verpflichtet sich, während der Dauer des Arbeitsverhältnisses und auch nach dem Ausscheiden, über alle Betriebs- und Geschäftsgeheimnisse Stillschweigen zu bewahren.

Für jeden Fall der Zuwiderhandlung gegen diese Verpflichtung verpflichtet er sich, eine Vertragsstrafe in Höhe einer Bruttomonatsvergütung zu zahlen. Die Geltendmachung eines weiteren Schadens bleibt dem Arbeitgeber vorbehalten.

Verstößt der Arbeitnehmer gegen seine Verschwiegenheitspflicht, kann dies zur Kündigung führen. Der Arbeitgeber weist den Arbeitnehmer ferner darauf hin, dass Geheimnisverrat nach § 17 UWG strafbar ist.

§ 9 Nebentätigkeit

Der Arbeitnehmer verpflichtet sich, jede entgeltliche oder das Arbeitsverhältnis beeinträchtigende Nebenbeschäftigung vor ihrer Aufnahme dem Arbeitgeber gegenüber in Textform anzuzeigen. Sie ist nur mit Zustimmung des Arbeitgebers zulässig.

Der Arbeitgeber erteilt die Einwilligung, wenn die Wahrnehmung der dienstlichen Aufgaben durch die Nebenbeschäftigung nicht behindert und sonstige berechtigte Interessen des Arbeitgebers nicht beeinträchtigt werden.

Der Arbeitgeber kann seine Einwilligung jederzeit widerrufen, wenn sein betriebliches Interesse dies auch unter Berücksichtigung der Arbeitnehmerinteressen erfordert.

§ 10 Vertragsstrafe

Der Arbeitnehmer verpflichtet sich für den Fall, dass er das Arbeitsverhältnis nicht vertragsgemäß antritt, oder das Arbeitsverhältnis vertragswidrig beendet, dem Arbeitgeber eine Vertragsstrafe in Höhe einer halben Bruttomonatsvergütung für die genannten Vertragsverletzungen bis zum Ende der Probezeit und in Höhe einer Bruttomonatsvergütung nach dem Ende der Probezeit zu zahlen. Das Recht des Arbeitgebers, weitergehende Schadensersatzansprüche geltend zu machen, bleibt unberührt.

§ 11 Kündigung

Nach Ablauf der Probezeit beträgt die Kündigungsfrist vier Wochen zum 15. oder Ende eines Kalendermonats. Jede gesetzliche Verlängerung der Kündigungsfrist zugunsten des Arbeitnehmers gilt in gleicher Weise auch zugunsten des Arbeitgebers. Die Kündigung bedarf der Schriftform. Vor Antritt des Arbeitsverhältnisses ist die Kündigung ausgeschlossen.

Der Arbeitgeber ist berechtigt, den Arbeitnehmer bis zur Beendigung des Arbeitsverhältnisses freizustellen. Die Freistellung erfolgt unter Anrechnung der dem Arbeitnehmer eventuell noch zustehenden Urlaubsansprüche sowie eventueller Guthaben auf dem Arbeitszeitkonto. In der Zeit der Freistellung hat sich der Arbeitnehmer einen durch Verwendung seiner Arbeitskraft erzielten Verdienst auf den Vergütungsanspruch gegenüber dem Arbeitgeber anrechnen zu lassen.

Das Arbeitsverhältnis endet spätestens mit Ablauf des Monats, in dem der Arbeitnehmer das für ihn gesetzlich festgelegte Renteneintrittsalter vollendet hat.

§ 12 Verfall-/Ausschlussfristen

Alle Ansprüche aus dem Arbeitsverhältnis verfallen, wenn sie nicht innerhalb einer Ausschlussfrist von drei Monaten nach ihrer Fälligkeit gegenüber dem Vertragspartner in Textform geltend gemacht und im Falle der Ablehnung durch den Vertragspartner innerhalb von weiteren drei Monaten eingeklagt werden. Hiervon unberührt bleiben Ansprüche, die auf Handlungen wegen Vorsatz oder grober Fahrlässigkeit beruhen.

Die Ausschlussfrist gilt nicht für den Anspruch eines Arbeitnehmers auf den gesetzlichen Mindestlohn. Über den Mindestlohn hinausgehende Vergütungsansprüche des Arbeitnehmers unterliegen hingegen der vereinbarten Ausschlussfrist.

§ 13 Zusätzliche Vereinbarungen

....

....

§ 14 Vertragsänderungen und Nebenabreden

Stillschweigende, mündliche oder schriftliche Nebenabreden wurden nicht getroffen. Änderungen und Ergänzungen dieses Vertrages bedürfen der Textform. Dies gilt auch für eine Aufhebung dieser Klausel. Dem Arbeitnehmer entstehen daher keine Ansprüche aus betrieblicher Übung. Vertragsänderungen durch Individualabreden sind formlos wirksam.

Sollten einzelne Bestimmungen dieses Vertrages unwirksam sein oder werden, wird hierdurch die Wirksamkeit des Vertrages im Übrigen nicht berührt.

Der Arbeitnehmer verpflichtet sich, dem Arbeitgeber unverzüglich über Veränderungen der persönlichen Verhältnisse wie Familienstand, Kinderzahl und Adresse Mitteilung zu machen.

Ort, Datum

Unterschrift Arbeitgeber Unterschrift Arbeitnehmer[16]

Neben einem Arbeitsvertrag werden Sie vom neuen Arbeitgeber noch eine Vielzahl anderer Schriftstücke wie z.B. Datenschutzklauseln, betriebliche Richtlinien etc. erhalten. Da auf diesen Dokumenten Ihr Vertragsverhältnis beruht, sollten Sie diese sorgfältig lesen und bei aufkommenden Fragen diese stellen. Ist alles unterschrieben und haben Sie alle formalen Anforderungen erfüllt, dann kann es losgehen mit dem ersten Arbeitstag.

Befristung im Arbeitsvertrag

Kommt es bei Ihnen zu einem befristeten Arbeitsvertrag, so sollten Sie diese Befristung gut im Hinterkopf behalten und sich frühzeitig um eine Verlängerung bzw. eine Umwandlung in einen unbefristeten Arbeitsvertrag bemühen. Gerade in manchen Branchen sind befristete Arbeitsverträge üblich und werden i.d.R. immer so geschlossen. Informieren Sie sich hier im Vorfeld, um dieser Tatsache proaktiv begegnen zu können.

Der erste Tag

Nun ist er da, der erste Tag im neuen Traumjob! Gut vorbereitet und kompetent will man wirken. Dies beginnt schon mit dem Auftreten. Daher sollte man sich hier einige Zeit nehmen und sich darüber Gedanken machen. Wie will ich auf die neuen Kollegen wirken? Welchen ersten Eindruck möchte ich hinterlassen?

„Ganz gleich wie beschwerlich das Gestern war, stets kannst du im Heute von Neuem beginnen."

Buddha

Zu diesen Fragestellungen kommen noch ein paar Gegebenheiten des Unternehmens dazu. Eine der maßgeblichsten ist die, dass man sich informieren sollte, wie die Kleiderordnung bzw. die Gepflogenheiten am Arbeitsplatz sind. Damit können Sie sich an das Bild der Kollegen anpassen.

Gerade bei Einladungen oder auch im Anschreiben für den ersten Tag kann auf die Kleiderwahl hingewiesen werden.
Daher an dieser Stelle einige „Übersetzungen" zum Dresscode.

- Business:
  In diesem Zusammenhang, formal für Herren einen dunklen Anzug, Hemd (in hellblau oder weiß) mit Krawatte (bitte etwas dezent Schlichtes und auf keinen Fall mit Figuren oder Comic). Für Damen

Kostüm oder ähnlich gelagertes und formal passendes Schuhwerk. Eben klassische Eleganz.

- Business Casual:
  Ist eher informell und wird zum Beispiel bei Geschäftsreisen etc. getragen. Auch kann, wenn es dies in Ihrem Unternehmen gibt, dies am Casual Friday getragen werden. Also z.B. Gino, Cordhose etc. mit gestreiftem oder kariertem Hemd, keine Krawatte. Auch geht im Sommer ein Polo-Hemd und oder Strickjacken/Pullover. Für Frauen ist es nochmals etwas einfacher. Diese können sich hier sehr frei kleiden. Von modischen Blusen über Stick bis hin zu offenen Schuhen ist hier vieles denkbar, was schick anmutet.
- Smart Casual:
  Bezeichnet zum Beispiel bei elegante Freizeitkleidung (niemals braune Schuhe, diese werden nach 18 Uhr nicht mehr getragen). Es sind hier auch dunkle modische und gut passende Jeans erlaubt. Dasselbe gilt für Frauen. Was jedoch sowohl als auch nicht passend erscheint, ist alte oder schon sehr mitgenommene Freizeitkleidung oder der „out-of-bed-Stil". Es gilt nach wie vor, Eleganz und Stil gehört dazu.
- Formale Abendveranstaltungen und hohe Empfänge:
  Hier gilt, nach wie vor, für Herren: Smoking, Fliege in schwarz (weiß nur bei Frack; selbstverständlich passendes Smoking-Hemd) und Lackschuhe. Für die Damen ein passendes Abend- oder Cocktailkleid.

Tragen alle Anzug und vielleicht sogar noch Krawatte (aktuelle Tendenz abnehmend), ist man nicht gut beraten, in Gino und offenem Hemd zu erscheinen. Auch der umgekehrte Fall ist zu beachten. Daher sollte man sich hierüber vorab Gedanken machen und stets die Augen offenhalten. Auch ein Nachfragen ist immer erlaubt.

Wer nicht fragt, bleibt dumm!

- Daher ist ein Nachfragen immer besser, als ein Später auf sich wirken lassen bzw. auf dem falschen Fuß erwischt zu werden. Gerade Personalabteilungen wie auch Vorgesetzte haben ein großes Interesse daran, dass der erste Tag für Sie reibungslos und gut verläuft. Daher können Sie sich gerade bei Fragen zum hauseigenen Stil und zur Etikette gerne dort erkundigen. Des Weiteren gilt, wie immer im Leben, lieber einen Tick zu chic als zu lässig. Denn nach unten anpassen ist immer einfacher als den ersten Eindruck korrigieren. Auch das vorherige Probetragen (vor allem von Schuhen) sollten Sie praktizieren. Sie sollten sich in Ihrer Kleidung wohl fühlen und nicht wie in einem Kostüm umheraufen.

Ein weiteres, immer wieder zu leichten Missverständnissen führendes Thema ist das Siezen oder Duzen. Hierzu kann man nur einen Rat geben: Abwarten, was von der Gegenseite kommt. Es wird – neben einer Frage der Unternehmenskultur – sehr unterschiedlich gehandhabt. Daher lassen Sie hier die Dinge eher auf sich zukommen als zu aktiv auf das Thema einzusteigen. Dasselbe gilt für das Nennen von Titeln (wie zum Beispiel Doktor- oder Professorentitel etc.). Sie sollten jeden solange mit seinem Titel ansprechen, bis derjenige oder diejenige Ihnen signalisiert, dass er oder sie keinen Wert darauf legt. Sollte dieses Signal nicht kommen, bleibt es bei der Anrede mit Titel.

- Dinge auf sich zukommen zu lassen anstatt sehr proaktiv diese zu betreiben ist normalerweise ein schlechter Rat. Denn nur in der Aktivität liegt auch die Kontrollierbarkeit des Ganzen. Am ersten Tag und beim Berufseinstieg jedoch ist dies etwas anders gelagert. Hier sollten Sie das Umfeld auf Sie reagieren lassen und nicht umgekehrt. Sie sollten immer kontrolliert, höflich und den Umgangsformen entsprechend reagieren. Sind Sie am Anfang lieber etwas zu förmlich als zu locker. Eine Korrektur von förmlich nach locker ist einfacher als umgekehrt. Denn hier ist der erste Eindruck nur sehr schwer wieder zu korrigieren.

Gestaltung des ersten Tages

An sich sind die Unternehmen sehr bemüht sich am ersten Tag gut um den Neuankömmling im Team zu kümmern und ein Programm für diesen zusammen zu stellen. Ein paar grundlegende Dinge sollten sie im Vorausgang klären.

Wichtig für den ersten Tag:

- Wann und wo habe ich mich einzufinden?

- Wer ist mein Ansprechpartner?
- Wie wird mein Tag ausgestaltet sein?
- Gibt es für mich etwas zu beachten?

Planen sie grundsätzlich am ersten Tag nichts Weiteres ein. Der Tag gehört voll und ganz dem neuen Unternehmen. Sie sollten an diesem so flexibel sein, wie es nur geht. Des Weiteren sollten sie am ersten Tag **mehr als pünktlich** sein. Das unterstreicht nochmals den guten ersten Eindruck und signalisiert ihren vollen Willen, im Unternehmen zur Höchstform aufzulaufen.

- Zeigen Sie nach außen, aber auf eine natürliche und nicht übertriebene Art und Weise, dass Sie für den neuen Job brennen und dass Sie begeistert sind. Sie müssen Ihre Motivation ausstrahlen und brauchen mit dieser nicht hinterm Berg zu halten. Aber Vorsicht, keine Besserwisserei und keine Arroganz an den Tag legen, lieber mit Bescheidenheit und Klugheit auftreten.

Die meisten Unternehmen organisieren Durchlaufpläne für neue Mitarbeiter, vor allem, wenn diese sich erst in Trainee-Programmen befinden. Diese sind dazu da, den praktischen Ablauf im Unternehmen kennen zu lernen und Sie mit den Gegebenheiten der jeweiligen Tätigkeit vertraut zu machen. Oftmals werden Trainee-Programme von Mentoren und Trainern betreut bzw. durch Seminare und externe Bildungsprogramme etc. ergänzt. Ziel ist es, dass der neue Mitarbeiter eine bestmögliche Ausgangsvoraussetzung für den aktiven Start in seine neue Tätigkeit hat. Daher sollten Sie sich hier auch die Zeit nehmen, alle Angebote zu nutzen und durchzuführen. Sollten Sie aktiv in die Planung eingebunden werden, äußern Sie frei, welche Bereiche sie auf jeden Fall sehen wollen und begründen Sie dies schlüssig. Gerade nun haben Sie die Chance, aktiv mitzugestalten und auch wieder ein deutliches Signal zu senden, wie wichtig Ihnen dies ist.

Wer nichts sagt, bekommt nichts oben drauf!

- Diese alte Aussage passt auch hier. Wenn Sie in spezielle Abteilungen und Bereiche etc. blicken wollen, müssen Sie dies auch äußern. Chefs können zwar viel, aber mit dem Hellsehen, na ja, das ist nicht so einfach. Daher sollten Sie hier sehr proaktiv sein und klar äußern, was Ihnen wichtig, aber auch was Ihnen nicht wichtig ist.
- Dabei sollten Sie es schlüssig begründen können. Nur das London Office sehen zu wollen, weil Sie noch nie in der Stadt waren, ist keine Begründung. Wenn Sie aber darlegen, dass Sie ja eng mit den Kollegen und den dort angesiedelten Bereichen arbeiten, dass Ihnen neben den fachlichen Hintergründen und Abläufen auch das gute menschliche Zusammenspiel wichtig ist, werden Sie bestimmt für einige Zeit dahin entsandt.

Compliance und alles was dazu gehört

Kommt man frisch aus der Hochschule, so sind alle Begriffe, die mit Compliance etc. zu tun haben, von sehr theoretischer Natur. In der Praxis ist dies anders. Daher ist es von extrem großer Wichtigkeit, dass Sie hier vom ersten Tag Ihrer Tätigkeit an mit großer Sorgfalt und Gewissenhaftigkeit an diese Themenfelder herantreten. Fragen Sie lieber einmal mehr nach, als zu wenig. Gerade von Berufseinsteigern ist man hier gewohnt, dass viel gefragt wird. Das ist nebenbei auch so gewollt. Es gilt die Devise, lieber einmal zu viel gefragt als einmal zu wenig und dabei ein Risiko für sich selbst bzw. für das Unternehmen eingegangen.

▶ Compliance und die damit verbundenen Dinge können sehr schnell arbeitsrechtliche Folgen haben. Daher ist eine Einhaltung dieser Richtlinien und Anweisungen sowie alle damit verbundenen Meldeverpflichtungen etc. absolut zu beachten. Neue Mitarbeiter sind in diese umfänglich einzuführen, und diese Unterrichtung muss schriftlich festgehalten werden. damit die Dokumentationspflichten erfüllt sind.

„Für ein Geheimnis und ein anvertrautes Gut gelten dieselben Regeln."

Nicolas Chamfort

Persönliche Informationen

Gerade neue Kollegen sind oftmals sehr interessant und viele alteingesessene Kollegen wünschen sich so viel wie möglich Informationen über den Neuzugang. Welche Art und in welcher Tiefe sie diese Information zukommen lassen ist ihnen überlassen. Denken sie nur daran, nicht jede Information aus dem privaten Umfeld muss jeder Kollege kennen. Daher raten wir hier, vor allem am Anfang zur Zurückhaltung. Leider ist das Thema des Schubladendenkens auch in Unternehmen noch immer weit verbreitet. Sie sollten sich hier so wenig Angriffsfläche aussetzen wie es geht. Es ist natürlich nichts dagegen einzuwenden, im Kollegenkreis über persönliche Dinge zu sprechen. Ganz im Gegenteil gerade dies macht ein Team aus. Entscheiden sie nur, welche Information zu welchem Zeitpunkt an welche Person fließen soll.

- Die Privatperson bleibt die Privatperson, auch nach dem Berufseinstieg. Daher entscheiden Sie grundsätzlich selbst, welche persönlichen Informationen Sie von sich preisgeben möchten und welche nicht. Bleiben Sie immer authentisch, das ist extrem wichtig. Eine Rolle zu spielen fällt über kurz oder lang auf und wird ohnehin nicht auf Dauer durchzuhalten sein. Zeigen Sie den Kollegen, dass Sie authentisch und ehrlich sind.

Abbildung 10 zeigt die Ergebnisse einer Umfrage zum Thema Freundschaften am Arbeitsplatz bzw. ob man sich hier auch mit den Kollegen in der Freizeit freundschaftlich trifft. Dabei ist klar zu erkennen, dass die signifikanteste Angabe mit 44 Prozent die der Gruppe der 30- bis 39-Jährigen war, welche sich mit ein paar

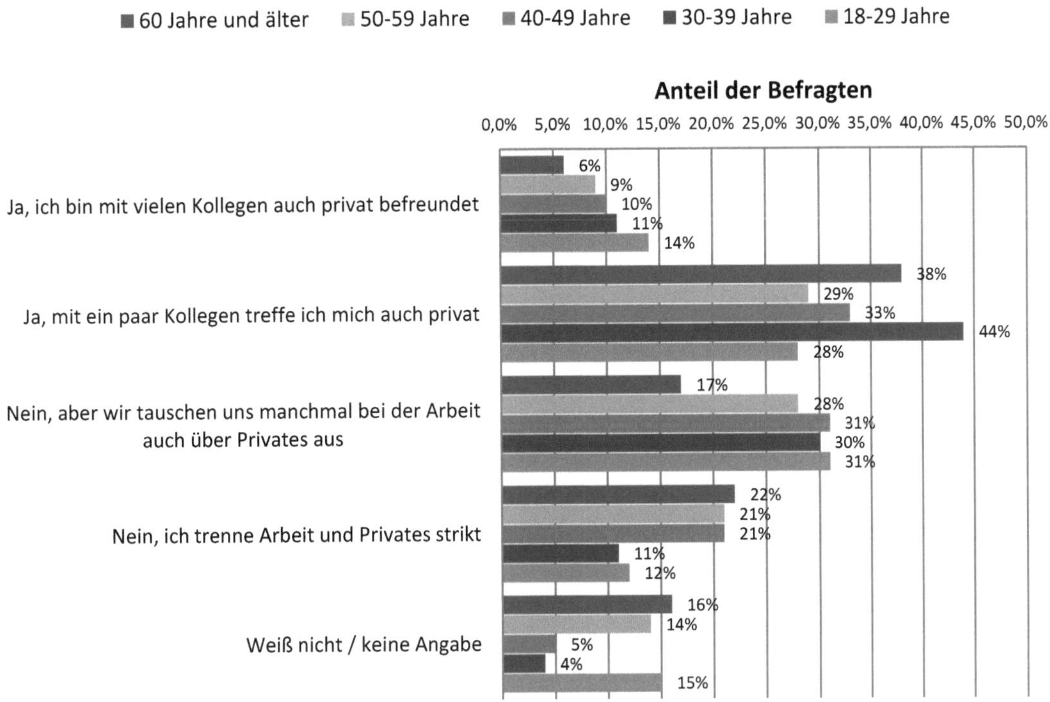

Abbildung 10: Sind Sie privat mit Ihren Kollegen befreundet?[17]

Kollegen auch privat treffen. Dabei fällt jedoch auf, dass die selbe Gruppe angibt, nur mit elf Prozent der Kollegen auch privat befreundet zu sein. Dies unterscheidet sie von der Gruppe der potentiellen Berufseinsteiger (zwischen 18 und 29 Jahren), welche angibt, mit 14 Prozent befreundet zu sein und mit 28 Prozent sich auch sonst zu treffen. In der Gruppe der Generation 60+ sinkt das Ergebnis im Freundschaftsbereich auf sechs Prozent ab, und das Ergebnis bei „ich trenne Privates und Beruf strikt“ hat den höchsten Wert mit 22 Prozent.

Daraus lassen sich auch Schlüsse über eine solche Entwicklung im Laufe eines Lebens ableiten. Ist in jungen Jahren das Zusammengehörigkeitsgefühl in einem Unternehmen oftmals mit Freundschaften und gemeinsamen Events verbunden, so verschiebt sich dies über die Jahre wohl in eine sachlichere Ebene. Die Gründe hierfür sind wohl so vielschichtig wie das Leben.

Einstand, Kaffeekasse und Co.

In vielen Betrieben ist es eine schöne Sitte, dass ein neu in das Unternehmen gekommener Mitarbeiter seinen Einstand im Team oder auch für das ganze Unternehmen gibt (das kommt natürlich auf die Größe des Unternehmens an). Die Idee dahinter ist, sich schnell besser kennen zu lernen. In welchem Rahmen dies stattfindet, sollten Sie bei Kollegen erfragen. Oftmals sind ein paar Butterbrezeln und ein Glas Sekt schon der perfekte Rahmen. Sie sollten es nicht zu einem Betriebsfest eskalieren lassen. Dies wäre doch überzogen und deplatziert. Es handelt sich ja eher um eine Geste.

▶ Ein weiteres, oftmals gebräuchliches Ritual ist die Kaffeekasse, in der jeder seinen Obolus gibt, damit davon zum Beispiel Kaffee gekauft wird. Fragen Sie doch einfach am zweiten Tag (so wichtig ist das Thema nicht) nach, ob und wie es gehandhabt wird.

Fragen über Fragen

Wir haben uns entschieden, in diesem Buch nicht über Kommunikationstypen etc. zu sprechen. Dafür gibt es anerkannte andere Literatur. Dennoch wollen wir ein wichtiges Argument aufgreifen und herausstellen: die Frage! Stellen Sie so viele Fragen, wie es geht. Denn nur dann werden Sie die benötigten Informationen erhalten. Versuchen Sie dabei, so viele offene Fragen zu stellen wie es möglich ist. Denn geschlossene Fragen (mit der Antwortmöglichkeit Ja, Nein) bringen Sie nicht weiter.

Eine einfache Art von offenen Fragen, die gestellt werden können, sind die sogenannten offenen W-Fragen.[18]

- Was?
- Wann?
- Wo?
- Warum?
- Wer?
- Wie?

Diese Fragen lassen keine geschlossene Antwort zu. Der Antwortende muss beginnen zu erzählen. Daher nutzen zum Beispiel auch Ermittlungsbehörden diesen Fragestil.

Auch Nachfragen, wenn man etwas nicht komplett verstanden hat oder einem noch Zusammenhänge nicht klar sind, von hoher Wichtigkeit. Zeigen sie Beharrlichkeit, die Zusammenhänge vollständig und umfassend verstehen zu wollen.

„Man nehme sich immer Zeit, eine Frage zu stellen, nicht immer, eine Frage zu beantworten."

Oscar Wilde

Welche Umgangsformen und Gegebenheiten muss man beachten?

Keine Sorge, wir listen hier nun keinen KNIGGE-Ratgeber auf. Das Thema Umgangsformen und Erziehung haben Ihre Eltern und Ihr soziales Umfeld bei Ihnen schon vollzogen. Es geht hier vielmehr um den Hinweis auf Formalitäten im Umgang untereinander. Viele Unternehmen geben sich ein eigenes Leitbild und/oder haben einen eigenen Wertekatalog aufgestellt. Fragen Sie proaktiv nach diesem und nehmen Sie sich Zeit, diese Werte und Umgangsformen im Unternehmen für sich selbst anzuschauen und zu definieren.

„Manieren machen uns zu Menschen!"

Kingsman: The Secret Service

Oftmals wird das Leitbild definiert, welches klar vorgibt, was das Unternehmen repräsentiert und darstellt. Nachfolgende Punkte können Teil eines solchen Leitbildes sein:

- Was genau ist das Unternehmen?
- Woher kommt es und wohin will es?

- Was ist der Mittelpunkt unseres Handelns?
- Was ist die Selbstverpflichtung der Mitarbeiter?
- Welche Werte spielen für das Unternehmen eine Rolle?

Anhand dieses Leitbildes kann dann die Weiterführung in die Unternehmenskultur stattfinden und in die genaue Definition der Unternehmenswerte, welche für alle Mitarbeiter von großer Wichtigkeit sein müssen. Denn das Unternehmen wirkt und agiert durch die einzelnen Mitarbeiter, welche das Unternehmen letztlich repräsentieren.

Welche Werte bringe ich in das Unternehmen ein und welche Unternehmenswerte werden von mir erwartet?

In einer von den Autoren durchgeführten, nicht repräsentativen Umfrage haben 79,2 Prozent aller Befragten angegeben, dass es ihnen wichtig oder sehr wichtig ist, dass die persönlichen Wertevorstellungen und die des Unternehmens übereinstimmen.

Wenn wir von Unternehmenswerten sprechen, so sprechen wir schlussendlich von den Werten der Mitarbeiter, die in und für ein Unternehmen arbeiten, denn eine juristische Person kann ja kein Eigenleben haben. Sie werden durch die handelnden Akteure vertreten und geprägt.

Unternehmenswerte kann man in drei große Teile gliedern:

- unternehmensspezifische Werte
- Werte der Integrität
- zukunftsperspektivische Werte

Unternehmensspezifische Werte

Diese Werte haben mit der Gründung und der Vergangenheit eines Unternehmens zu tun. Meist handelt es sich hierbei um Werte, auf die die Mitarbeiter und Inhaber stolz sind und die diese miteinander verbinden. So können dies, neben vergangenheitsbezogener Erfolge, auch große Patente, Errungenschaften und Entwicklungen sein. Das gesamte Gedächtnis der Firma kommt hier zum Tragen. Gerade bei Familienunternehmen ist dies von großer und maßgeblicher Wichtigkeit. Denn auf der Tradition des Unternehmens fußt oftmals auch deren Erfolg und Innovationskraft.

Werte der Integrität

Nur wer integer ist, wird es langfristig zu etwas bringen. Auf diesem Grundsatz fußen nicht nur die gute kaufmännische Grundhaltung, sondern darüber hinaus vieles andere. Daher stehen diese „**Grund-Werte**" über allem. Fair, rechtsschaffend und unbescholten soll man handeln und sein. Mehr muss man hierzu wohl nicht sagen.

Zukunftsperspektivische Werte

Hier handelt es sich um Werte, welche den Zukunftsgeist eines Unternehmens und den der Mitarbeiter beflügeln sollen. Alle sollen angespornt werden, Neues zu entwickeln, Altbewährtes fortzuführen und das Unternehmen in eine positive Zukunft zu führen. Es geht um Innovationskraft, neue Wege und darum, sich dem Zeitgeist zu stellen. Denn nur ein Unternehmen, welches sich konsequent weiterentwickelt, wird auch in der Zukunft Bestand haben. Der Wert des Wandels ist daher ein sehr wichtiger und muss von jedem Mitarbeiter verfolgt werden. Wer hier bremst oder zu lange nostalgisch am Alten festhält, gefährdet die gesamte Firmengesellschaft und letztendlich auch sich selbst. Denn wie sagt schon der Volksmund: *„Wer nicht mit der Zeit geht, der geht mit der Zeit!"*

In *Abbildung 11* fassen wir die dargestellten drei Wertegruppen nochmals grafisch zusammen. Hierbei kann man gut erkennen, wie die drei Wertegruppen zusammen interagieren und nicht isoliert betrachtet noch für sich alleine stehen können. Alle drei bilden einen festen Wertekanon, welcher aufzeigt, dass jeder drei Wertekategorien isoliert auch von hoher Wichtigkeit ist, jedoch nicht eigenständig von den anderen beiden losgelöst erfolgreich sein können.

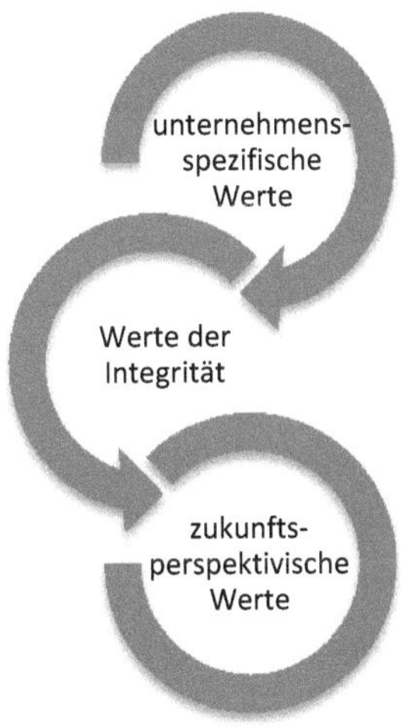

Abbildung 11: Verbindung von Werten in einem Unternehmen

„Geistige Werte müssen uns ansprechen wie Könige. Sie dürfen nicht aufgedrängt werden."

Arthur Schopenhauer

Unternehmensfamilie oder projektbezogenes Einzelhandeln?

„Je größer das Unternehmen, desto anonymer ist der Umgang untereinander" ist landläufig eine Einstellung und oftmals auch die beobachtete Darstellung. Dies muss aber nicht zwingend so sein, denn viele Großunternehmen organisieren die Teams sehr individuell und in sich geschlossen. Fast wie eine kleine kompakte Einheit, in einem großen Konzern. Ob und wie dies der Fall ist, kommt selbstverständlich auf das Unternehmen selbst an, und oftmals auch auf die Führungskräfte, von denen hier sehr viel abhängt.

Moderne Unternehmen und Führungskräfte fördern oftmals die Arbeitsweise in kleinen innovativen Teams, welche wie Start-Up-Unternehmen agieren dürfen und können. Denn der *„Spirit"*, welcher hier entsteht, kann zu neuen großen Entwicklungen führen. So kann jedes Unternehmen, gleichgültig wo es ansässig ist und welche Größe es hat, sein eigenes kleines *„Silicon Valley"* schaffen und sich sozusagen den Entwicklergeist ins Haus holen. Es bedarf hier nur des Willens, dies zu wollen, und der Führungskräfte, die dies dann auch umsetzen und umsetzen lassen.

Des Weiteren ist es eine Frage der bestehenden Unternehmenskultur. Denn wird sehr viel Wert auf Sozialisierung im Unternehmen gelegt, wird diese auch erfolgen. Wird jedoch eher projektbezogen gearbeitet, geführt und gedacht, wird dieses Element nicht zum Tragen kommen. Hier gilt eher der schnelle, zielführende Projekterfolg.

Beide Varianten haben ihre Vor-, aber auch ihre Nachteile. *Abbildung 12* fasst die Teilaspekte nochmals grafisch zusammen. Beide können auch miteinander, zu einer starken Verzahnung, verbunden werden. Dies schafft dann eine optimale Umgebung. Es bedarf hierfür jedoch starker Führungskräfte und einer Mannschaft, die das ganze durchdenkt und mittragen möchte.

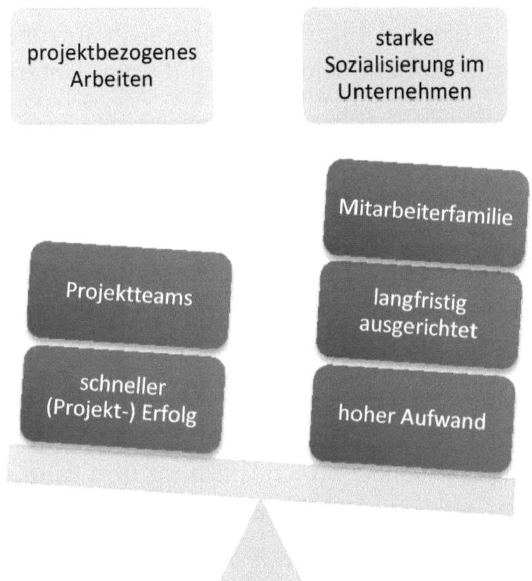

Abbildung 12: Projektbezogenes Arbeiten versus starke Sozialisierung im Unternehmen

Was auffällt ist, dass die gemeinsame Sprache und das Verwenden von Floskeln, Abkürzungen und Fachbegriffen ein starkes Zusammengehörigkeitsgefühl in einem Unternehmen bilden. Diese einfachen Dinge sind es, welche schnell aufzeigen: Wer dieselbe Sprache spricht wie ich, der gehört zu mir. Gerade in bestimmten Zeiten, wie zum Beispiel bei einem Unternehmenszusammenschluss, dem Zusammenlegen von Einheiten oder dem Integrieren von neuen Mitarbeitern (also auch von Berufseinsteigern) ist es daher von großer Wichtigkeit, dass alle Seiten schnell eine eigene Sprache finden. Für Sie als Berufseinsteiger wird dies die Aufgabe mit sich bringen, sich den Begrifflichkeiten Ihres Unternehmens anzupassen und diese in Ihren Sprachgebrauch aufzunehmen. Erst wer die „Unternehmenssprache" spricht, wird ganz in diesem Unternehmen Akzeptanz finden.

Gemeinsame Rituale schaffen ebenfalls ein großes Zusammengehörigkeitsgefühl. Daher werden Off-Sites (siehe auch Kapitel: *Das Off-site*) auch oftmals durchgeführt, denn gemeinsames Erleben schafft gemeinsame Erinnerung. Was hier auch immer hilfreich sein kann, sind kleine Rituale. Das Treffen zum regelmäßig Lunch, das gemeinsame Sport-Treiben etc. fördert hier viel und schafft eine gemeinsame Denk- und Handlungsweise.

Diese Elemente fördern das Kennenlernen von Menschen auf unterschiedliche Weise und Tiefe. Denn neben dem „geschäftlichen Ich" gibt man bei solchen Events auch viel vom „persönlichen Ich" bekannt und kann damit dem Gegenüber zeigen, wer man wirklich ist und was in einem steckt.

An sich kann man einen Teamerfolg mit vier einfachen Überbegriffen gliedern (*Abbildung 13*).

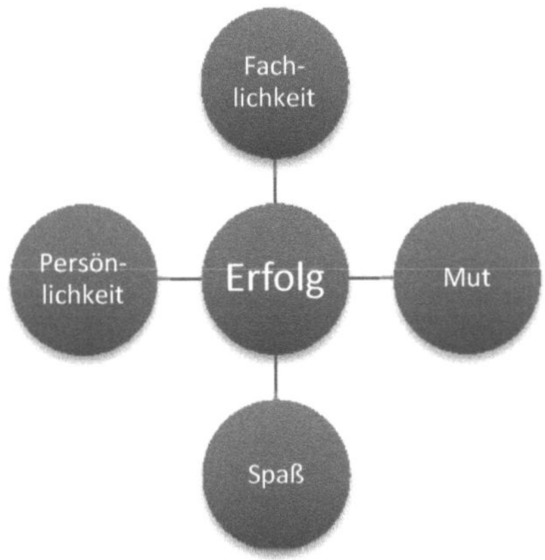

Abbildung 13: Was macht Erfolg aus?

- **Fachlichkeit**
  Nur mit großes Fachwissen kann ein komplexes und vielschichtiges Projekt angegangen und erfolgreich werden.
- **Persönlichkeit**
  Nur wer Persönlichkeit hat, diese aber auch zeigt und deren Raum gibt, wird zur vollen Leistungsfähigkeit kommen. Persönlichkeiten begeistern und sind natürliche Antriebsfaktoren für Teams.
- **Mut**
  Mut ist der Anfang von allem. Nur dem Mutigen wird es gelingen, neue Wege zu suchen und diese zu gehen. Des Weiteren ist Mut etwas Begeisterndes, das mitreißt und ein Team voranbringt.

▶ **Spaß**
Ohne Spaß wird nie ein großer Erfolg erreicht werden. Denn nur wer Spaß hat und dieses erlebbare Glücksgefühl in sich trägt, wird über seine eigenen Grenzen und die Grenzen des Teams hinauswachsen. Spaß fördert Spaß und ist ein Antrieb.

„Erfolg ist eine Großmacht!"

Manfred Hinrich

Was erwartet mich im Alltag?

Wenn es um den Alltag im Unternehmen geht, kann man keine generellen Aussagen treffen. Zu viele unterschiedliche Branchen, Unternehmen und größenspezifische Unterschiede sind hier vorhanden. Dennoch versuchen wir einige Einblicke und Anregungen für den Alltag zu geben, welche aber auf nicht den Anspruch erheben, vollständig und umfänglich zu sein.

Aktives Gestalten des Alltags

Grundsätzlich sollte man vom ersten Tag an sich bitte nicht zu „pushy" verhalten, sondern nach und nach in das Unternehmen „hineinwachsen", also vom aktiven Gestalten des Umfeldes und seines Tagesablaufs Gebrauch machen. Selbstverständlich gilt dies immer nur im Rahmen begrenzter Möglichkeiten. Aber wer sich schnell sehr aktiv einbringt und gute Vorschläge macht, sichert sich oftmals ein schnelles zügiges und qualitativ hochwertiges Weiterkommen. Dabei geht es neben der Gestaltung von eigenen Abläufen und des eigenen Tages auch darum, team- und unternehmensspezifische Abläufe im Blick zu behalten und immer mit einem wachsamen Auge zu betrachten. Bringen Sie sich aktiv in Diskussionen und Überlegungen ein; bitte aber stets mit Sachverstand und nicht nur, um irgendetwas gesagt haben. Denn dies würde genau das Gegenteil zur Folge haben.

Urlaub und Gleitzeit

- Urlaubszeiten und das Abgleiten von Überzeiten zu organisieren, ohne den Geschäftsbetrieb zu gefährden, ist oftmals etwas kompliziert und nicht selten mit größeren Diskussionen verbunden. Als Neueinsteiger in ein Team sollte man daher ein gewisses Fingerspitzengefühl haben. Gerade in „alten" und schon lange bestehenden Teams gibt es oftmals gewisse Vorstellungen, wer wann in Urlaub geht. Um hier nicht in Diskussionen zu verfallen, raten wir, das Thema offen anzusprechen. Denn wer sich offen abstimmt, hat immer Vorteile.

Die Probezeit

Die Probezeit ist eine Probezeit für beide Seiten. Schauen Sie sich Ihren neuen Job und auch das Unternehmen genau an. Entscheiden Sie, ob dies genau das richtige für Sie ist, oder ob Sie sich umorientieren wollen. Das Unternehmen wird das mit Ihnen auf ähnliche Art und Weise machen.

Angst vor einer Probezeit muss man nicht haben, denn diese ist wie eine Art „Probebeziehung", um zu sehen, ob die beiden Vertragspartner miteinander können. Gestalten Sie die Probezeit aktiv und bringen Sie sich ein. Fragen Sie nach Feedback und nehmen Sie dieses an. Denn nur wer sich ein Feedback einholt, dieses emotionslos (auch wenn es manchmal schwerfällt) reflektiert und dann daraus Schlüsse zieht, arbeitet aktiv an sich selbst.

Gesetzliche Regelungen in Deutschland

- § 622 (3) des Bürgerlichen Gesetzbuches (BGB) der BUNDESREPUBLIK DEUTSCHLAND regelt die Dauer der Probezeit. Hier kann man entnehmen, dass diese die Dauer von sechs Monaten nicht überschreiten darf. Wird dennoch eine längere Probezeit vereinbart, gilt ab dem siebten Monat eine Kündigungsfrist von vier Wochen. Des Weiteren kann auch ganz auf eine Probezeit verzichtet werden. Dies ist im Arbeitsvertrag so festzuhalten. Es gelten dann sofort die Kündigungsfristen und der Kündigungsschutz.[19]

Flexibilität in der Arbeitswelt 4.0

Vieles wird immer wieder unter dem Stichwort der Flexibilität in der modernen Arbeitswelt beschrieben. Doch was bedeutet dies eigentlich?

Zunächst unterscheidet man zwischen verschiedenen Arten von Flexibilität. Manche Unternehmen sehen flexible Arbeitszeiten als diese an. Bei anderen geht die Flexibilität über die Wahl des Arbeitsplatzes (Büro und/oder Home-Office) hinaus. Daher kann man hier keine generelle Aussage treffen. Was man jedoch vorhersagen kann, ist, dass in den kommenden Jahren der Grad der Individualisierung der jeweiligen Tätigkeitsfelder zunehmen wird. Denn durch die neuen technischen Möglichkeiten, wird hier neue Flexibilität geschaffen und kann erstmals eingesetzt werden.

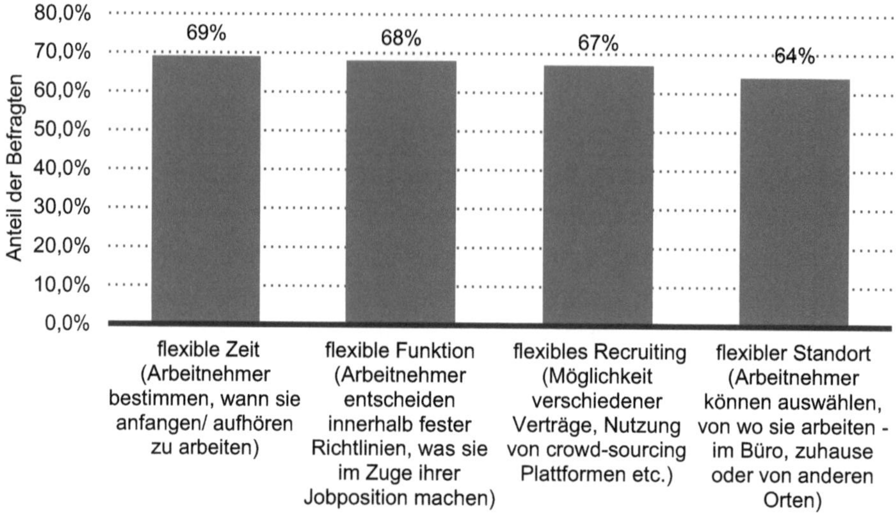

Abbildung 14: Anteil der Millennials, deren Arbeitgeber flexible Vereinbarungen getroffen haben[20]

Dies wird auch andere Antworten auf heute bereits (altherkömmlich) beantwortete Fragestellungen ermöglichen. *Abbildung 14* zeigt Möglichkeiten einer Flexibilisierung der Arbeitswelt und das in der Umfrage erzielte Ergebnis. Dabei ist zu beachten, dass die Umfrage in der Generation Y (hier definiert als Geburtenjahrgang 1980 bis 2000; es gibt in der Literatur hierzu teilweise abweichende Angaben) durchgeführt wurde. Folglich bei der Generation, die derzeit circa 24 Prozent der deutschen Gesamtbevölkerung ausmacht und neben den Berufseinsteigern auch die Umfragegruppe beinhaltet, welche bereits einige Zeit nach dem Studium bzw. den jeweiligen Ausbildungsschritten im Berufsleben ihren Platz gefunden hat.[21] Es ist die Generation, welche im Wandel aufgewachsen ist.

Geprägt durch die Veränderungen in der politischen und sozialen Landschaft hat diese Generation auch die Veränderungen im Bildungssystem (Umstellung im Zuge des BOLOGNA-Prozesses etc.) miterlebt.

Flexibilität kennen Sie aus dem Studium, der Ausbildung und aus Praktika. Die technischen Veränderungen haben Sie bereits fließend miterlebt und teilweise im eigenen Umfeld mitgestaltet. Ein Teil der Generation Y steht heute in Führungsverantwortung und gestaltet die Arbeitswelt und deren ständige Erneuerung aktiv mit.[22]

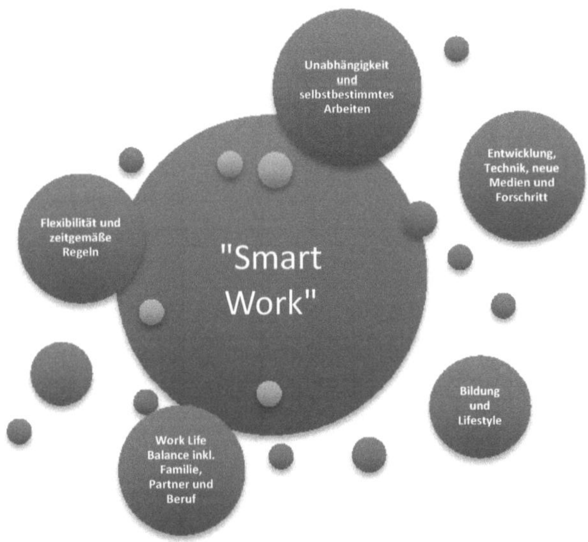

Abbildung 15: „Smart Work" schematische Darstellung von möglichen Modulen

In welchen Dimensionen die Flexibilisierung der Arbeit in den kommenden Jahren sich verändern wird, ist auch maßgeblich durch verschiedene Interessensgruppen beeinflusst. Gewerkschaften, Verbände etc. werden hier ebenfalls eine Rolle spielen. Dennoch kann man heute schon schlussfolgern, dass der Einsatz neuer Techniken hier alte Regelungen nicht mehr zeitgemäß erscheinen lässt. In welcher Form und Art Sie die flexiblen Möglichkeiten annehmen, bleibt jedem selbst überlassen. Es zeigt sich jedoch, dass der Einklang zwischen Work-Life-Balance mit diesen Möglichkeiten einen ganz anderen Raum erhält. Wenn dies noch durch ein „smartes Umfeld" ergänzt wird, schafft dies einen hohen Anreiz.[23] In *Abbildung 15* haben wir die einzelnen möglichen Module (ohne Anspruch auf Vollständigkeit, nur als Beispiele) zusammengefasst und dargestellt. Je nach Arbeitsplatz und Unternehmen werden diese sich unterscheiden bzw. andere Anforderungen werden in den Vordergrund treten.

Feedback nehmen – Feedback geben

Das ehrliche Feedback fällt vielen schwer! Denn man will ja nichts Falsches sagen und/oder andere nicht verletzen oder gar selbst verletzt werden. Dennoch sollten Sie dieses Instrument vielfach nutzen, um einfach eine Rückmeldung zu geben. Es muss ja nicht immer ein komplexes Feedbackgespräch sein. Sie selbst sollten dies jedoch auch jederzeit einfordern. Denn dann können Sie an sich arbeiten. Bitte beachten Sie bei einem Feedback jedoch folgende Regeln:[24]

Das Feedback sollte ...

... wertschätzend und wohlwollend formuliert sein.
... in der Ich-Form formuliert und beschreibend mit vielen Beispielen sein.
... keine Bewertung und nichts Interpretierendes enthalten.
... nützlich und spezifisch sein.

... eingefordert und erwünscht sein.
... für den Feedbacknehmer umsetzbar sein.
... neue Informationen enthalten und nicht anklagend sein.
... zukunftsorientiert sein.

Der Feedbacknehmer sollte ...

... den Feedbackgeber ausreden lassen.
... sich nicht rechtfertigen und sich nicht verteidigen.
... sich Zeit nehmen, das Feedback zu reflektieren und darüber nachzudenken.
... sich für das Feedback bedanken.

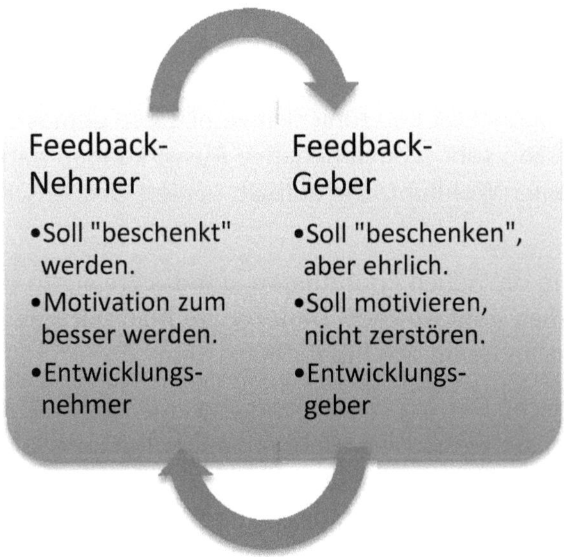

Abbildung 16: Das Feedback als Geschenk und Entwicklungsinstrument

Wie wir in *Abbildung 16* aufzeigen, ist das Feedback zu einem Entwicklungsinstrument geworden. Es kann helfen, sich schnell auf eine neue Situation einzustellen und diese zu meistern. Dabei handelt es sich jedoch um einen kontinuierlichen Prozess. Ein einmaliges Feedback erscheint uns nur auf eine bestimmte Situation passend und somit als zu wenig vielschichtig, dass es eine Entwicklung beeinflussen kann. Eine Ausnahme hiervon ist eine extreme Sondersituation, welche sehr einschneidend wäre.

Den Alltag mit Leben füllen – Tag für Tag

Füllen Sie Ihren Alltag mit Leben! Nun werden Sie denken, na mit was denn sonst? Wir wollen hier auf zwei ganz spezielle Punkte hinaus: den Tunnelblick und die Routine. Wer jeden Tag denselben Ablauf genießt, kommt sehr schnell in eine Wohlfühlsituation, welche wir auch Komfortzone nennen. In dieser hat man sich gut eingerichtet und fühlt sich wohl. Doch gerade dieses wohlige und warme Gefühl kann sehr schnell negative Auswirkungen haben. Denn wer sich **nur noch** in seiner Wohlfühlzone aufhält, verliert den Anschluss an neue Entwicklungen.

Doch gerade um die neuen Erfahrungen, um das Erweitern des Horizontes und das Vorankommen geht es doch. Daher sollte man mit ständigen Änderungen den Alltag bereichern und sich hierfür begeistern.

Wer kennt das nicht: Der Tag war stressig und eigentlich will man nur noch nach Hause. Doch gerade dieser Weg führt in die Komfortzone. Gerne kann man dies an zwei von fünf Arbeitstagen machen, aber die restlichen drei sollten anderen Themen gehören. Und wenn es nur der Sport und/oder der soziale Austausch ist. Noch besser ist es selbstverständlich, man beschäftigt sich mit dem Thema lebenslanges Lernen, welches wir im dazugehörigen Kapitel ausführlich besprechen. So wichtig Rituale in einem Team sind, so gefährlich sind diese wegen der Komfortzonenbildung. Denn hier gilt es, sich neuen Herausforderungen zu stellen und den Kopf aus dem Gewohnten heraus zu strecken. Man muss auch gerne einmal ein Risiko eingehen, Mut beweisen und sich seinen Ängsten stellen, um auf ein „neues Level" gehoben zu werden. Nur dann wird sich nachhaltiger Erfolg für sich selbst, aber auch für das ganze Team einstellen. Und Sie werden feststellen, wenn Sie sich aus Ihrer Komfortzone herausbewegen, wird diese viele andere im Team veranlassen, dies auch zu tun. Die Gruppendynamik wird dem Team einen guten Schub nach vorne geben.

Erfolg muss man wollen

„Erfolg muss man wollen!" – abgeleitet aus ALFRED HERRHAUSENs Zitat: *„Führung muss man wollen!"* – kann man bescheinigen, dass nur diejenigen nachhaltig Erfolg haben werden, die diesen auch intrinsisch wollen. Denn wer hier halbherzig oder wie ein Getriebener herangeht, wird keinen nachhaltigen Erfolg erziehen können. Er wird immer einem Maßstab und einem Ziel hinterherlaufen, welches er aber nicht erreichen kann.

Doch was bedeutet es, dass man Erfolg wollen muss? Zunächst, Erfolg um jeden Preis ist absolut abzulehnen. Wer mit Ellbogenmentalität durch das Leben rennt, wird ebenfalls keinen nachhaltigen Erfolg für sich proklamieren können. Vielmehr wird er als menschlich sehr fragwürdig beäugt werden.

Erfolg wollen bedeutet vielmehr, für diese Risiken (die aber abschätzbar sind) einzugehen, Mut zu haben, diese auch zu verteidigen und vor allem sein Umfeld für den Erfolg zu begeistern.

Das beste Beispiel für den Erfolgswillen sind Spitzensportler, welche auch auf den letzten Metern nochmals „Gas geben", die ihr Team nochmals anfeuern und mitreißen und die selbst nochmals über sich selbst hinauswachsen.

Sinnbild dafür war der Einsatz von BASTIAN SCHWEINSTEIGER im Fußball-Weltmeisterschafts-Endspiel 2014, als er verletzt am Boden lag und unbedingt weiterspielen wollte. Stark beseelt vom Glauben, „heute werden wir Weltmeister". Die Geschichte hat uns gezeigt, nicht nur „80 Millionen" standen hinter dem Team, sondern vor allem der eigene Wille zum Erfolg, zum Erreichen der Weltmeistertrophäe in Brasilien. Somit wurde Maracanã zum Sinnbild und Zeichen eines zusammenarbeitenden Teams, welche man auch auf die tägliche Praxis übertragen kann.

Eine wichtige Eigenschaft für Erfolg ist, sich in zukünftige Themen hineinzudenken. Dabei ist es eine wichtige Voraussetzung, dass man offen für diese ist und nicht in der Vergangenheit lebt. Es ist zwar sehr schön, wenn man in alten Erinnerungen schwelgen kann, aber diese sind für manche Zukunftsprojekte nicht gerade förderlich. Daher denken Sie immer in der Jetztzeit, mit einem guten Verhältnis zu dem bereits Erreichten und einer gesunden Portion Lust und Laune auf Neues.

Gerade in bereits langjährigen Teams ist dies von großer Bedeutung, da die Vielschichtigkeit einer zukunftsorientierten Betrachtungsweise von Themen sonst verloren geht. Gerade Sie, als neues Teammitglied, tragen hier einen entscheidenden Teil zur „Frischhaltung" des Teamspirits bei.

Stellt man sich das ganze einmal grafisch vor Augen, so kann es zum Beispiel zu der unter *Abbildung 17* aufgezeigten Erfolgspyramide kommen. Es beginnt mit dem persönlichen Erfolg, auf dem alles aufbaut. Denn wenn man selbst erfolgslos ist, wird man auch keine Stütze für das Team und das gesamte Unternehmen sein können. Daher bildet diese Stufe das Fundament. Darauf aufbauend kommen Team und Unternehmenserfolg. Da oftmals nur das eigene Erfolgslevel beeinflusst werden kann (zumindest beim Berufseinstieg), sollte man sich zu 95 Prozent auf diese Stufe konzentrieren (die restlichen 5 Prozent würden in diesem Fall auf das Team entfallen). Sollten auch andere Level beeinflussbar sein, ist eine Aufteilung nach Wirkungsgrad vorzunehmen.

Abbildung 17: Beispiel für eine Erfolgspyramide

„Mehr als die Vergangenheit interessiert mich die Zukunft, denn in ihr gedenke ich zu leben."

Albert Einstein

Fragen als Schlüssel zu mehr

Schon ein Kinderlied verrät es: *„Wer nicht fragt, bleibt dumm!“*

Gut, sehr einfach formuliert, aber sehr effektiv! Denn in den Fragen steckt der Schlüssel zur Erkenntnis. Daher sollten Sie so viele Fragen wie es nur geht stellen. Neben den klassischen Fachfragen, von denen man übrigens nie genug stellen kann, sollten dies auch Fragen sein, welche sich mit den inneren Zusammenhängen im Unternehmen etc. beschäftigen. Hinterfragen Sie Prozesse, Anweisungen etc., um zu verstehen, was Sie da machen und warum dies geschieht. Dies ist aus mehreren Gründen sehr sinnvoll:

- Sie erhalten das Wissen darüber.
- Sie erhalten einen Einblick, wie die Rahmenbedingungen und die Verknüpfungen zu anderen Bereichen (wie zum Beispiel Compliance) sind.
- Sie erhalten einen ganzheitlichen Blick auf die Dinge.

Haben Sie keine Angst vorm Fragen; gerade das macht Sie für das Unternehmen wichtig und zeigt, dass Sie hier ein großes Interesse haben. Wer hier vornehme Zurückhaltung übt, wird eher als desinteressiert angesehen.

Ewig Fragende sollt ihr sein!

Diesen Leitspruch, den die School of International Finance der Hochschule für Wirtschaft und Umwelt Nürtingen-Geislingen als Wahlspruch für ihre Studierende ausgewählt hat, können auch wir Ihnen nur ans Herz legen. Hören Sie nie auf, Fragen zu stellen, denn nur wer qualitativ gute Fragen stellt, wird sich weiterentwickeln, wird Erkenntnis erlangen und somit Teil des Fortschritts sein.

Meine Stärken und Schwächen

Jeder Mensch hat Stärken und Schwächen. Dies ist vollkommen normal. Und es wäre eher furchtbar, wenn dies nicht so wäre. Nur bewusst muss man sich dessen sein. Daher sollte man sich kurz Zeit nehmen und über diese nachdenken.

Die Fragen sind:

- Was hält mich auf, auf meinem Weg?
- Was bringt mich voran, auf meinem Weg?
- Können Sie diese für ***sich*** beantworten?

Dies kann zum Beispiel mit einer Stärken- und Schwächen-Liste geschehen, in der man bewusst beide Seiten ausfüllt. Ziel ist, sich Beidem zu stellen und an Beiden zu arbeiten: Die Stärken weiter fördern und die Schwächen auf ein Minimum zu reduzieren. Es ist nicht das Ziel, sich von den Schwächen herabziehen zu lassen oder über die Stärkeseite einen Höhenflug zu erleben.

Stärken	Maßnahme	Schwächen	Maßnahme
wissbegierig	Seminar XY zum Thema ABC besuchen. Am Arbeitskreis CY teilnehme.	ungeduldig	Geduldsübung durchführen. Bewusst mehr Zeit einplanen.
Sprachen	Ausbau einer weiteren Fremdsprache	Gewissenhaftigkeit	Konkretes nachverfolgen von Fehlern, Prüfen vor Abgabe von Arbeiten etc.
...	...	...	...

Wer sich so seinen Stärken und Schwächen stellt, wird sehr schnell bemerken, dass es gar nicht so schwer ist, mit diesen umzugehen. Denn an sich müssen diese nur erkannt, strukturiert und mit einem Lösungsvorschlag versehen werden. Dann liegt es an einem selbst, diesen auch umzusetzen.

Optimal ist es, wenn in eine solche Liste die Erkenntnisse aus den Feedback-Gesprächen mit einfließen. Dann schafft diese eine hohe Effektivität und die Reflektion kann damit stattfinden.

▶ Eine solche Liste ist jedoch nichts für die Öffentlichkeit. Daher sollten nur Sie und maximal jemand Vertrautes diese kennen. Sie wollen ja an sich arbeiten. Daher sollten Sie hier vorsichtig sein, wem Sie diese Liste zugänglich machen wollen.

An sich arbeiten heißt auch mit sich arbeiten. Das klingt vielen nun vielleicht etwas zu theoretisch, aber es ist wichtig, dass man sich selbst hier auch als eine Arbeitsgrundlage sieht. Nehmen Sie sich daher jede Woche ein wenig Zeit, am besten immer zur gleichen Zeit, in der Sie für sich selbst da sind: Schaffen Sie für sich ein Ritual. Es muss ja nicht in eine große Aktion ausarten; manchmal reichen auch eine gute Tasse Tee und vollkommene Ruhe zum Reflektieren und darüber Nachdenken. Nehmen Sie sich für eine solche Reflektion immer soviel Zeit, wie Sie benötigen. Über die Reflektion hinausgehend ist es gut, wenn man sich ein konkretes Ziel setzt, an dem man arbeiten möchte. Dies kann auch über einen längeren Zeitraum erfolgen.

Reflektieren sie dabei auch dieses Ritual. Bringt es Ihnen noch wirklich etwas, oder machen Sie es nur, weil es zur Gewohnheit geworden ist? Gehen Sie dabei vor, als würden Sie Feedback zu einer Veranstaltung geben.

Antworten Sie an sich auf folgende Themen:

- Was ist gut an der Reflektion und was nehme ich positiv daraus mit?
- Was ist nicht gut und was stört mich?
- Was für einen Nutzen ziehe ich daraus?
- Was muss ich ändern, um noch besser damit klar zu kommen?

Wer so kritisch auf die Betrachtung schaut, kommt sehr schnell auf den wahren Grund, und Sie werden viel Positives aus der Zeit mit sich selbst ziehen.

Lassen sie sich nicht verbiegen!

- Bei allem Eifer besser zu werden: der Mensch ist der Mensch, der er ist. Daher sollten Sie schon an sich arbeiten, aber rennen Sie nicht einem Bild von Außenstehenden hinterher. Sie spielen die Hauptrolle in Ihrem Leben. Daher muss jede Veränderung auch Ihnen gefallen. Daher hinterfragen Sie immer, was bringt es mir und will ich diese Veränderung für mich selbst wirklich haben. Manchmal sind kleine Fehler und Schwächen doch vorteilhaft für einen selbst.

Herausforderungen – Der Antrieb für mehr

Stellen Sie sich Ihren Herausforderungen und haben Sie Mut, diesen zu begegnen. Das ist freilich leichter gesagt als getan. Aber es ist der einzige Weg, wie man lernt, mit komplexen und vor allem persönlich schwierigen Themen umzugehen. Viele Menschen fliehen, wenn es sich um komplexe Fragestellungen handelt. Doch diese werden niemals, oder wenn überhaupt, durch viel Fortune das Ziel erreichen. Nur wer sich aktiv seinen Herausforderungen stellt, wird diese auch meistern können.

„Alle Hindernisse und Schwierigkeiten sind Stufen, auf denen wir in die Höhe steigen."

Friedrich Wilhelm Nietzsche

Sie müssen dies jedoch nicht alleine tun. Gerade große und stark herausfordernde Aufgaben geht man zu zweit (aber meist nicht mit mehr als zwei) viel einfacher und zielgerichteter an. Dabei ist das vertraute Zuhören, einen guten und ehrlichen Rat zu geben und emotional dabei zu sein, oftmals das Wichtigste. Ein solcher Ratgeber kann auch als emotionaler und persönlicher Rückhalt interpretiert werden. Schon alleine das Gefühl, ich muss dies nicht alleine durchstehen, ist hier sehr zielführend. Wer der Vertraute ist, das müssen Sie schlussendlich selbst bestimmen.

Lampenfieber

- Viele haben, vor allem zu Beginn der Karriere, Lampenfieber vor Aufgaben und vor allem vor freien Reden und Präsentationen. Schon CICERO hat gesagt: *„Denn sooft wir reden, sooft wird über uns gerichtet."* Doch wer sich dieser Herausforderung stellt, wird sehr schnell bemerken, dass der Rest im Saal auch so seine Themen mit dem ein oder anderen hat. Trainieren Sie diese Stresssituationen für sich selbst und nehmen Sie jede Möglichkeit an, in diese zu kommen und in der Liveatmosphäre zu üben.[25]

Auch Trainer und Coaches können hier helfen. Gerade große Unternehmen beschäftigen eine Vielzahl von hauseigenen Trainern, die für die Mitarbeiter zugängig sind. Oftmals schulen diese gewisse Standardinhalte routinemäßig, manche Dinge muss man einfordern (oftmals über den Vorgesetzten). Gerade wenn es um die persönliche Weiterentwicklung geht (also nicht nur die fachliche Ebene, sondern auch die Persönlichkeitsebene betrifft), ist dies von großer

Wichtigkeit und muss vor allem von einem großen Gefühl des Vertrauens geprägt sein.

Sollten Sie einen Trainer an die Hand bekommen, bei dem sich dieses nicht einstellt, so sprechen Sie Ihren Vorgesetzten offen darauf an, dass es hier zu einem Wechsel kommen muss. Dies gilt auch, wenn Sie der Ansicht sind, dass Sie das Training nicht weiterbringt beziehungsweise nicht die Inhalte füllt, welche abgesteckt wurden. Hier ist jedoch das Erstgespräch mit dem Trainer zu suchen, um auszuloten, ob und was man hier anpassen kann.

Einen absoluten Luxus haben Sie, wenn Sie sich für einzelne Trainingsinhalte den Trainer aussuchen dürfen. Dies kommt meist jedoch nur in sehr großen Betrieben mit dementsprechender Ausstattung vor.

Trainer und Coaches

- Das Vertrauensverhältnis zwischen einem Coach und seinem Coachee muss sehr eng sein und absolut bestehen. Nur dann wird ein Training funktionieren, denn nur dann wird der Coachee sich öffnen und über die grundlegenden Dinge hinaus an sich arbeiten. Besteht zu einem Trainer kein Vertrauensverhältnis, oder geht der Coachee sogar davon aus, dass die Vertraulichkeit gefährdet ist, ist das Training sinnlos und sollte sofort abgebrochen werden. Vertrauen kann man nicht anordnen und schon gar nicht erzwingen. Dies ist vor allem in der Argumentation über einen solchen Abbruch von fundamentalter Wichtigkeit.

Für manche Themen sind externe Trainer von großer Bedeutung. Gerade wenn es um Themen wie das Vorbereiten auf ein Audit etc. geht, sollte man darauf achten, keinen „betriebsblinden" Trainer zu haben, sondern jemand, der das kritische und klinische Trainerauge von außen auf eine Situation werfen kann. Oftmals ist dies betriebseigenen Trainern nur noch sehr schwer möglich, da diese auch Eigeninteressen vertreten.

Auch ein wichtiges Instrument sind ältere bzw. erfahrene Kollegen und deren Mentoren-Funktion. Oftmals wird hier aus Erfahrungen und Erlebtem ein Ratschlag erteilt. Nehmen Sie diese Gespräche gerne an, denn diese besitzen einen

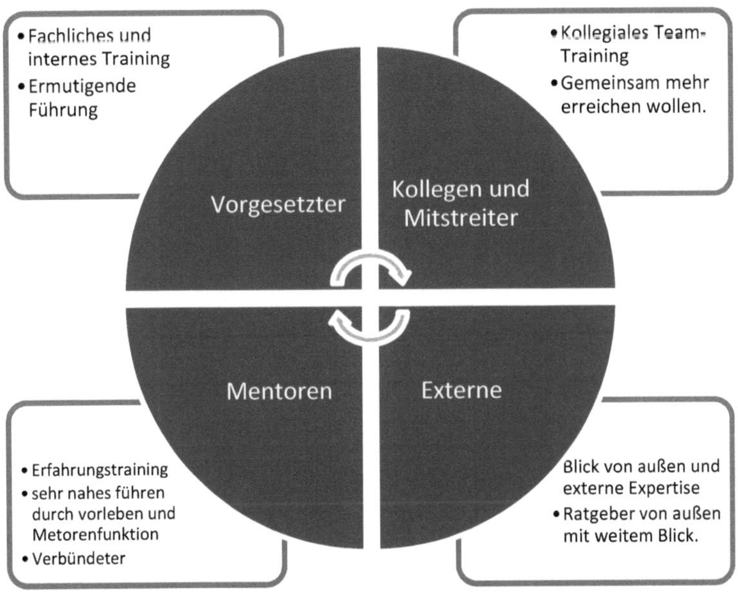

Abbildung 18: Welche Personengruppen beeinflussen mich im Berufsleben?

wichtigen Entwicklungseinfluss. *Abbildung 18* zeigt die jeweiligen Personengruppen auf, welche einen im Berufsleben beeinflussen. Hier werden nur die vier Hauptgruppen genannt; Kunden, Zulieferer etc. werden unter „Externe“ aggregiert.

Was erwarten Kollegen und das Umfeld?

Die Erwartung von Kollegen und dem Umfeld, sind manchmal sehr unterschiedlich. Neben der fachlichen Erwartung„ die man gut nachvollziehen kann, kommt eine persönliche Erwartung hinzu. Diese ist je nach dem unterschiedlich.

Wir versuchen die gängigsten Erwartungshaltungen wie folgt aufzuzeigen:

- Arbeitsentlastung durch den neuen Kollegen und fachliche Unterstützung.
- Unkomplizierter Umgang und gutes Einfügen in das Betriebsklima.
- Gute Fähigkeiten im Fachgebiet, gute Kommunikationsbereitschaft und hohe Lernbereitschaft (gerade bei Berufseinsteiger).
- Mehrwert für das Team, das Unternehmen und für sich selbst.

Diese Erwartungen können unter anderem an einen neuen Mitarbeiter gestellt werden. Was jedoch auch zu beachten ist, dass viele erstmals abwarten, wie man selbst sich in das Team etc. integriert. Vor allem Mitarbeiter, die sich selbst nicht so sicher sind, werden auch noch ein anderes Thema bedenken: Kann mir der neue Mitarbeiter gefährlich beziehungsweise zur Konkurrenz werden? – Ein absolut falsches Denken, aber leider doch sehr oft verbreitet.

Kompliziert wird diese Denkweise jedoch erst, wenn diese durch den Führungsstil des Vorgesetzten unterstützt wird und zu einem internen Wettstreit führt. Sollte dies der Fall sein, sollten Sie das Gespräch mit dem Vorgesetzten suchen und diesen auffordern, dies zu unterlassen.

Chef oder Vorgesetzter?

Das ist doch das selbe, oder?

Grundsätzlich muss man hier schon unterscheiden. Ein Vorgesetzter ist, wie das Wort schon sagt, einem vorgesetzt und somit disziplinarisch und fachlich weisungsbefugt. Ein Chef verkörpert mehr! Er ist es, der ein Team nicht nur führt, sondern zusammenhält. Der Ansporn, Mut und Ermutigung ausgibt und das Team begeistert und mitreißt. Er sieht sich selbst als aktiver Teil des Teams und ist ein Gestalter. Ein Vorgesetzter ist meist eher passiv und ein Verwalter. Ihnen werden in Ihrem Berufsleben beide begegnen. Chefs werden Ihnen jedoch in Erinnerung bleiben und Sie prägen wie selten jemand anders zuvor. Lernen Sie dies zu verstehen und zu unterscheiden. Dann lernen Sie schnell, wer Sie im Leben weiterbringen kann und wird und wer eher verwaltend tätig ist.

Was erwarten Führungskräfte?

Auch hier sind die Erwartungen oft vielschichtig und sehr unterschiedlich gelagert.

Und auch hier versuchen wir die einzelnen für sich gesehen wichtigen Punkte aufzuführen:

- Fachliche und persönliche Qualifikation für den Job.
- Dass Sie Verantwortung übernehmen und tragen.
- Verlässlichkeit und Integrität.
- Viel Interesse, und dass Sie für den Beruf „brennen".
- Bereitschaft zur Weiterentwicklung und zum lebenslangen Lernen.
- Kritikfähigkeit und Offenheit.
- Dass Sie Vorschläge für Verbesserungen und Änderungen machen und tätig begleiten.
- Dass Sie Projekten und Herausforderungen offen gegenüberstehen und diese proaktiv annehmen.
- Dass Sie flexibel sind und Neuem offen gegenüberstehen.
- Dass Sie gerne und mit Spaß arbeiten.

Der Vorgesetzte – oder im besseren Fall der Chef – ist auch nur ein Mensch. Daher sollte man sich immer auf Augenhöhe treffen und alle Themen offen und konkret ansprechen. Gerade in Unternehmen mit flachen Hierarchien ist dies meist kein Problem und wird Tag für Tag praktiziert.

Abbildung 19 zeigt die Ergebnisse einer Umfrage, welche sich mit den erwarteten Soft-Skills beschäftigt hat; also all den Themen, die von der reinen Fachlichkeit losgelöst sind. Hierbei ist zu erkennen, wie nah manche Ergebnisse zusammenliegen. Es ist weiter zu erkennen, wieviel Wert auf Motivation als oberstes Kriterium gelegt wird. Hier wird von Eigenmotivation des Berufseinsteigers ausgegangen. Nun, das Ergebnis wird wohl niemand überraschen: Motivation wird als wichtigster Parameter genannt. Denn ohne diese wäre der Mitarbeiter für das Unternehmen ja keine Stütze, sondern eine Last.

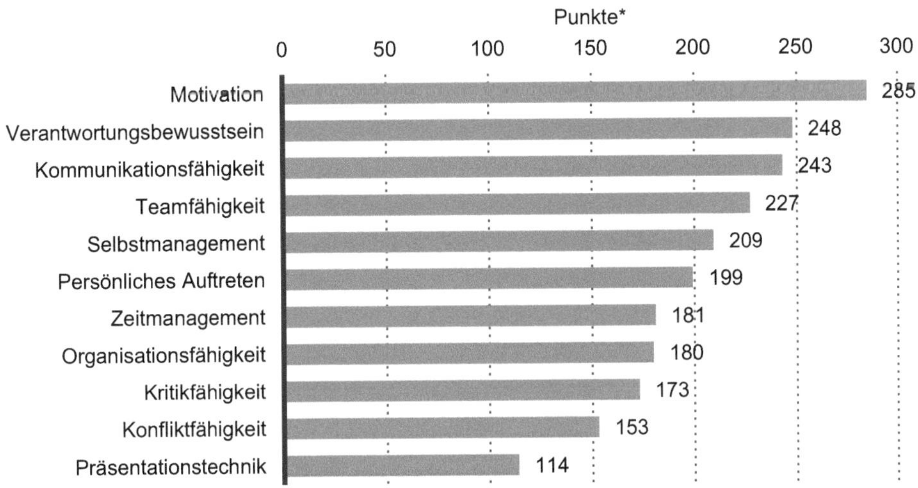

Abbildung 19: Welche Erwartungen haben Sie an Berufseinsteiger im Bereich Soft Skills?[26]

Betrachtet man bereits im Beruf stehende Teilnehmer, so erkennt man in *Abbildung 20* die Faktoren, welche zur Aufrechterhaltung der Motivation genannt wurden. Hier ist das signifikanteste Ergebnis ebenfalls ein Soft-Skill-Ergebnis, nämlich das gute Verhältnis zu den Kolleginnen und Kollegen. Das entsprechende Gehalt kommt erst an dritter Stelle – die Erfolgsprämie sogar erst an vorletzter Stelle.

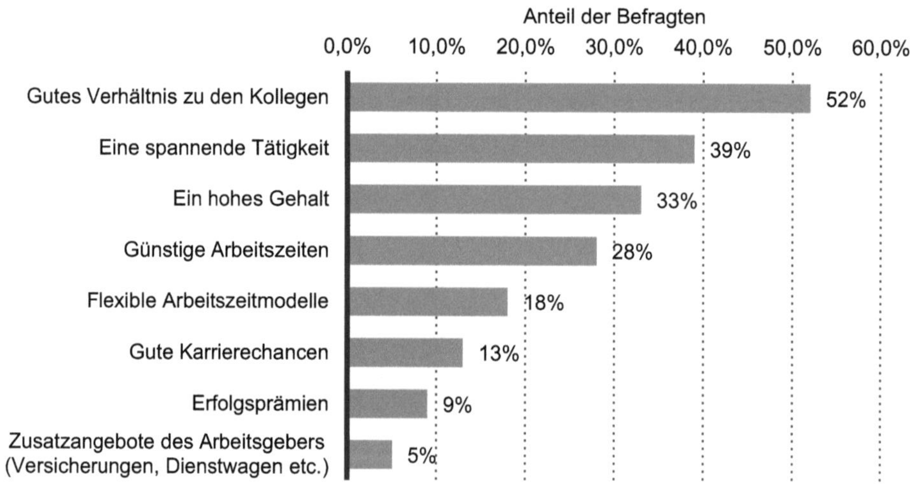

Abbildung 20: Was ist Ihre größte Motivation bei der Arbeit?[27]

Schwache Vorgesetzte – ein Problem?

Hier soll nicht der falsche Eindruck entstehen, dass Führungskräfte nicht dafür geeignet sind, denn ein Großteil dieser macht den Führungsauftrag ganz exzellent. Leider gibt es aber auch welche, die dies „nicht so toll" machen. Denn leider kann man Menschen nur bis zu einem gewissen Punkt führen lernen, und so kommt es vor, dass es Führungspersönlichkeiten gibt, die mit dieser Aufgabe etwas überfordert sind. Dies macht es für Sie als (neuer) Mitarbeiter nicht einfacher. Hier sind sehr viel Geschick und Fingerspitzengefühl, aber leider manchmal auch ein sehr konkretes Wort von Nöten. Gerade kurz nach dem Berufseinstieg ist dies jedoch nicht so einfach anzuwenden. Daher sollten Sie hier auf erfahrene Kollegen zugehen. Scheuen Sie vor diesem nicht zurück, denn es geht konkret um Ihren Alltag und auch Ihre Entwicklung im und für das Unternehmen.

Ich muss mich entscheiden?

Wer sich entscheiden muss, hat es oft nicht leicht. Denn trifft man nicht die richtige Entscheidung, was soll man dann danach tun? Wir wollen Ihnen an dieser Stelle die Angst vor Entscheidungen nehmen. Wir alle treffen Tag für Tag viele Entscheidungen bei unvollkommener Information. Das ist völlig normal. Es unterscheiden sich die guten von den schlechten Entscheidungen in der einzigen Tatsache, wie schnell wir diese im Fehlerfall korrigieren. Darum machen Sie sich bei Fehlentscheidungen nicht allzu viele Sorgen.

In der Wissenschaft haben sich in den vergangenen Jahren und Jahrzehnten einige Standardmodelle zur Entscheidungsfindung herausgebildet. Alle zielen darauf ab, Chancen und Risiken einzuordnen und daraus ableitend eine optimale Entscheidung zu treffen.

Eine gute Methode ist zum Beispiel das Arbeiten mit einer Entscheidungsmatrix. In diese trägt man mit Punkten oder auch nach dem Schulnotensystem ein, wie wichtig einem Ergebnis- oder Erfolgsparameter sind. Dann wertet man diese entweder nach der besten Notenskalierung oder den höchsten Punktewerten aus. Nachfolgendes Schema zeigt dies anhand von Punkten (Höchstpunktzahl ist beste Entscheidung) auf.[28]

	A	**B**	**C**
X	1	4	2
Y	3	1	3
Z	5	6	2
Summe:	9	11	7

In diesem Beispiel wären die unter B geführten Entscheidungen zu bevorzugen, da der Punktewert aus den (Ergebnis-)Kriterien X, Y, Z am höchsten sind.

Was könnten das für Kriterien sein? Zum Beispiel das Thema Gehaltsvorstellung, Flexibilität im Job, Weiterbildungschancen ... Die Spalten A bis C könnten die einzelnen Unternehmen sein, bei denen Sie sich beworben haben.

Alternative Vorgehensweisen, wie zum Beispiel das Aufbauen eines Entscheidungsbaumes *(Abbildung 21)* etc. können ebenfalls bei der Entscheidungsfindung helfen.[29]

Gleichgültig welches System Sie wählen oder ob Sie aus dem Bauch heraus, also auf Ihren eigenen Erfahrungswerten basierend entscheiden, wichtig ist, dass sie sich zu einer solchen durchringen. Nur wer Entscheidungen trifft, wird später erfahren, ob diese gut oder nicht gut waren. Und behalten Sie immer im Hinterkopf: eine Entscheidung kann man i.d.R. korrigieren. Erkennen Sie, dass es nicht die richtige war, so halten Sie nicht stur an ihr fest, sondern gehen Sie schnell in einen Korrekturmodus über und verändern Sie diese in eine bessere Richtung.

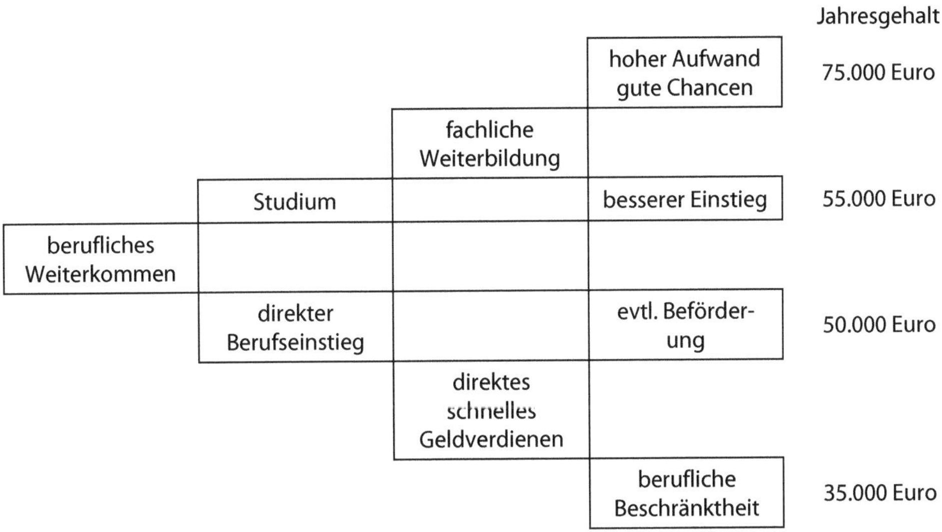

Abbildung 21: Entscheidungsbaum in Anlehnung an Jeschke (Darstellung eigen)[30]

▶ Erfolgreiche Menschen unterscheiden sich von den weniger erfolgreichen oftmals nur in der einen Tatsache, dass diese ihre falschen Entscheidungen schnellstmöglich korrigieren bzw. revidieren.[31]

Selbstermutigung und Selbstführung

Jeder Mensch hat das Bedürfnis nach Zughörigkeit; es ist wohl auch die Triebfeder eines jeden zwischenmenschlichen Dialogs und unserer sozialen Verhaltensweisen. Im Bedürfnissystem nach MASLOW wird dies eindeutig aufgezeigt. Hier wird es als soziales Motiv zur Einbindung in eine Gemeinschaft dargestellt. Es sichert den Platz im Team und sichert ebenfalls den Umgang mit Kolleginnen und Kollegen sowie den Informationsaustausch. Mit anderen Worten: jeder Mensch will geliebt werden. Und das gilt ausnahmslos, auch in der Arbeitswelt.

Wird dieses Zugehörigkeitsgefühl entzogen oder ist es gestört, kommt es zu Störungen im gesamten Arbeitsablauf. Gerade für neue Mitarbeiter ist es daher sehr wichtig, auch hinsichtlich des bestehenden Teams, dass diese schnell und zielführend in dieses integriert werden und ein Gefühl der Zugehörigkeit entwickeln.

Zugehörigkeit hat auch viel mit Akzeptanz, also dem Respekt, der Achtung und der Wertschätzung, zu tun. Nach BERNER ET AL. gibt es grundsätzlich zwei Arten von Akzeptanz, welche hier zu beachten sind: Die **Selbstakzeptanz**, welche ein freundschaftliches Verhältnis zu sich selbst, also ein mit sich selbst im Reinen sein aufzeigt, und die **Fremdakzeptanz**, also wie andere auf einen blicken, mit all seinen Fehlern und Schwächen, mit der Maßgabe und der Bitte um Geduld, optimistische Erwartung und der Tatsache, dass der ganze Mensch betrachtet werden muss.[32]

Beide spielen immer zusammen, denn beide werden benötigt: Die Selbstakzeptanz, um sich auch selbst zu ermutigen und sich selbst zu fördern, die Fremdakzeptanz, um über Fremdermutigung zu wachsen, und beide zusammen im Wechselspiel, um uns anzutreiben.

Wie in der STEPSTONE-Studie von 2017[33] aufgezeigt wurde, geben 83 Prozent der Befragten an, für die Arbeit Wertschätzung erfahren zu wollen. Diese Wertschätzung kann man auch mit Fremdakzeptanz übersetzen, zumindest bis zu einem gewissen Teil. BERNER ET AL. geben Führungskräften daher den Tipp mit auf den Weg, *„die Fähigkeit (zu nutzen), in anderen Menschen ihre Potentiale zu sehen und nicht bloß ihre Defizite."* Diese Fähigkeit macht eine gute Führungskraft mitunter aus.

Selbstermutigung

Wie kann man sich selbst ermutigen? Der erste Schritt hierzu ist, mit der negativen und schwermütigen Betrachtungsweise mancher Dinge aufzuhören. Man muss Selbstbeherrschung gegenüber sich selbst üben, nicht alles negativ zu sehen und nicht an jeder Tatsache Kritik zu üben. Denn mit dieser indirekten Einflussnahme kann man schon sehr viel Positives erreichen.[34] Schließlich schafft man damit ein gutes Klima.

So, nun denken Sie bestimmt, warum soll ich als Berufseinsteiger das Klima beeinflussen? Tja, ganz einfach, weil jeder, der Teil eines Teams ist, dies tut. Und gerade die Neuankömmlinge können viel zum positiven Klima beitragen. Denn „alte Hasen" haben oftmals einen Tunnelblick. Helfen Sie den Kollegen eine neue Sichtweise anzunehmen. Ganz indirekt, einfach indem Sie positiv sind. Sie werden sehr schnell eine positive Rückmeldung erhalten. Wichtig ist hierbei die Bereitschaft, Verantwortung zu übernehmen und dabei auch den ersten Schritt zu gehen. Authentizität und Offenheit gegenüber neuen Themenfeldern und die Bereitschaft, hier auch in einen Konflikt zu gehen, wenn dies notwendig wird, werden Ihnen schnell Respekt und Standing verschaffen.[35] Gehen Sie das Ganze aber mit der gebührenden Ruhe und Gelassenheit an. Und immer mit Humor, denn das Leben ist schon ernst genug.

Einen guten und tiefgreifenden Zugang zu Kollegen und damit auch zu sich selbst erhält man, wenn man zum Beispiele diese Themen wirken lässt:[36]

- echtes Interesse am anderen zeigen
- aufmerksam Zuhören und Geduld zeigen
- freundlich sein und dass auch zeigen
- Begeisterung und Engagement ausstrahlen (aber ehrlich, nicht gespielt)
- Humor zeigen und sich auch mal selbst nicht zu wichtig nehmen
- Ermutigung annehmen und geben

Lob ist unser Antrieb

Nichts tut so gut wie ein Lob! Das kennen wir alle und in dieser Hinsicht fühlen wir uns manchmal in die Kindheit zurückversetzt. Doch gerade diese Wertschätzung ist es auch, was wir einfordern müssen und dürfen. Lob wird oftmals – und wir sprechen hier von ehrlichem Lob, keine selbstdarstellerische Art und Weise – sehr spärlich verteilt. Dann darf man dieses auch mal einfordern. Aber es muss auch zur geleisteten Arbeit passen.

Siegmund Freud hatte seine eigene Meinung zu Lob:

„Gegen Angriffe kann man sich wehren, gegen Lob ist man machtlos."

Das einfachste Lob, das man sich zur Eigen-Motivation einfangen kann, ist das Lob, welches man sich selbst gibt. Doch dieses kann auch täuschen und unehrlich sein. Daher geben Sie sich selbst nur im Ausnahmefall und wenn es wirklich objektiv sinnvoll ist ein Lob. Überlassen Sie sonst das Urteil der Umgebung, auch wenn dieses, gerade in den Anfangszeiten, oftmals nicht so lieblich und gut ausfällt, wie man sich dies vielleicht wünscht. Nur wer hier Kritik aushält und auch Selbstkritik an sich übt, wird es zukünftig hinbekommen, über sich hinaus zu wachsen.

Kritik als Schlüssel zur Entwicklung

- Lassen Sie Kritik an sich und Ihren Handlungen zu. Denn nur wer Kritik offen annimmt, wird sich selbst weiterentwickeln. Selbstverständlich kann man auch Kritik hören und keine Änderungen daraus ziehen, wenn dies einem nicht angebracht vorkommt. Doch reflektieren Sie sich selbst. Dann werden Sie einen schnellen und zielführenden Entwicklungsschritt nach dem nächsten machen. Aber Achtung, nicht jede Kritik ist wirklich sinnvoll! Ab und an – vor allem aus politischen Gründen – wird Kritik geäußert, um zu verunsichern und/oder den Gegenüber zu demotivieren. Lassen Sie solche Kritiker nicht zu bzw. diese Kritik nicht an sich heran. Hier gilt: ignorieren und stur bleiben.

- Fragen Sie sich immer: Hat der Gegenüber recht?
- Und welches Ziel verfolgt er?
- Hat er doch Eigeninteressen?

▶ Gerade das Thema Eigeninteresse sollten Sie immer mit in Betracht ziehen. Denn hier beginnt oftmals die Politik in einem Unternehmen. Leider sind viele Entscheidungen (oftmals in sehr großen Unternehmen noch mehr als im Mittelstand) politischer Natur oder zumindest mit einem gewissen politischen Hintergrund. Daher ist die Frage, wem nutzt was und wer hat welches Eigeninteresse immer von hoher Wichtigkeit.

Dies hat auch viel mit einer **„Kultur der Fehler und des Verzeihens"** zu tun. Fehler sind da, um gemacht zu werden. Nur daraus lernen sollten wir; so einfach kann man das umschreiben. Lernen Sie aus den gemachten Erfahrungen und leiten Sie Neues und auf neue Situationen Zielführendes ab.

Mut ist, was uns weiterbringt

Vieles hat auch mit Mut zu tun, gerade in den ersten Wochen in einem neuen Unternehmen und somit auch nach dem Berufseinstieg. In einem neuen Leben werden sie viel Mut benötigen.

Doch Mut bedeutet nicht, dass Sie aus dem Fenster springen, um zu schauen, ob Sie unten lebend ankommen. Das wohl eher nicht – denn dies wäre Übermut!

Mut bedeutet vielmehr die Entscheidungen zu treffen, die einem in einer Situation, nach Abwägung aller anderen Wege, als die zielführenden und mit der höchsten Wahrscheinlichkeit Erfolg versprechenden erscheinen. Mut bedeutet aber auch, einmal eine Entscheidung nicht sofort zu treffen oder ein Geschäft nicht abzuschließen, wenn es nicht richtig erscheint. Mut bedeutet, über den Mainstream hinaus zu denken und diese Entscheidung auch zu verteidigen. Mut schafft auch in gewisser Weise Bewunderung, und dies schafft Akzeptanz.[37]

Wichtig ist hierbei, dass – gleichgültig welche Entscheidungen wir treffen – wir diese immer bei unvollkommener Information treffen. Es wird folglich immer einen gewissen Spielraum für Fehler bzw. zu korrigierende Felder geben. Dies ist jedoch nicht schlimm, vielmehr eröffnet es Möglichkeiten, einen flexiblen und vielschichtigen Blick auf manche Dinge zu besitzen.

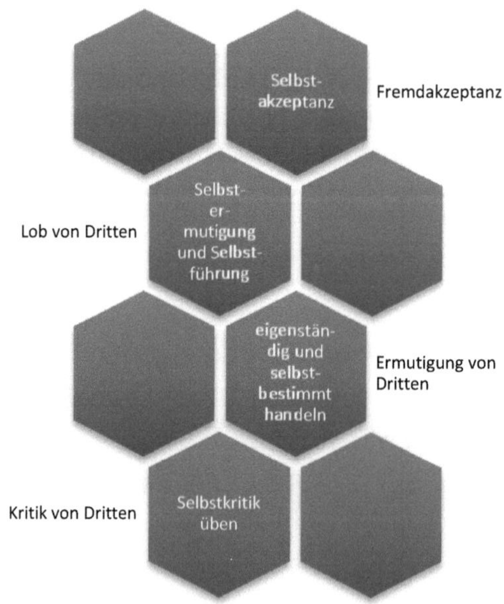

Abbildung 22: Schlüsselfähigkeiten für ein erfolgreiches Handeln und Entscheiden

In *Abbildung 22* sind die maßgeblichen Schlüsselfähigkeiten nochmals grafisch und übersichtlich zusammengefasst.

„Habe Mut, dich deines eigenen Verstandes zu bedienen."

Immanuel Kant

Altruismus: Ja oder Nein?

Oftmals erscheinen Handlungen, auch von Kollegen etc., uneigennützig, also selbstlos. Wir wollen an dieser Stelle hier einen Hinweis geben: Altruismus ist schwierig nachzuweisen. Jeder Mensch handelt aufgrund einer Grundgegebenheit. Diese mag ihm nicht erkenntlich sein, dennoch ist diese da. So kann dies ein emotionales Thema sein, eine tief in ihm verborgene Veranlagung etc. SCHOPENHAUERS Wort: *„Der Mensch kann zwar tun, was er will. Aber er kann nicht wollen, was er will!"* trifft hier eindeutig zu. Also stellen Sie sich immer die Frage: Wem ist es von Nutzen und welche Zwecke und Belange könnten sich dahinter verbergen?

Wie geht man mit Rückschlägen und Selbstzweifeln um?

Sind wir ehrlich: Nicht jeden Tag scheint die Sonne und auch im neuen Traumjob werden Tage kommen, an denen es nicht so läuft wie Sie sich das vorgestellt haben. Folglich das ganz normale Leben. Doch wie mit diesen Rückschlägen umgehen? Wie mit den Selbstzweifeln?

In einer von den Autoren durchgeführten, nicht repräsentativen Umfrage haben 37,5 Prozent der Befragten angegeben, dass sie während des Studiums mit wenigen Rückschlägen hätten umgehen müssen. 35,4 Prozent haben angegeben, sie hätten mit Rückschlägen umgehen müssen.

Zunächst: Diese gehören zum Leben wie das Atmen. Das ist nun mal so, das muss man akzeptieren. Was man jedoch lernen kann, ist damit umzugehen.

Es gibt unserer Meinung nach drei wichtige Stufen, welche man durchlaufen muss:

- Erkennen von Themen
- Analyse der Themen
- Lösungserarbeitung und Verarbeitung

Es klingt oft lapidar, wenn man sagt, man muss ein Problem (besser das Wort „Thema" verwenden, sonst ist es gleich negativ belegt) erkennen. Doch das ist oft schwieriger als gedacht. Denn zunächst sollte man sehen, dass es überhaupt ein solches Thema ist. Dies hat viel mit Ehrlichkeit im Unternehmen und mit der Streit- und Kritikkultur zu tun. Ist diese offen und ausgeprägt vorhanden, werden Themen schnell und unkompliziert angesprochen. Ist dies nicht der Fall, muss man sich schon etwas näher damit beschäftigen. Ein aktives Nachfragen sowie ein Einholen von Feedback sind hier von großer Wichtigkeit. Denn dadurch kann man erfahren, was die anderen Teammitglieder von der Thematik halten und welche Ansprüche sie haben.

Kritik äußern ist nicht gegeneinander arbeiten!

- Das Äußern von Kritik und Anmerken von Veränderungen wird oftmals als schwierig empfunden und von manchen Teammitgliedern persönlich genommen. Dies ist jedoch falsch! Nur wer hinterfragt wird und auch selbst hinterfragt, kann zur positiven Mitgestaltung beitragen. Daher sollten Sie immer kritisch, aber fair sein. Nur in einer Gesellschaft, in der Kritik einen wichtigen Stellenwert hat, in der man alles in Frage stellen darf, wird es zu einer großen und guten Entwicklung kommen. Wichtig ist hier, dass man offen ist (open-minded) und sich auf Neues und Unentdecktes einlässt.

Die Analyse schließt sich diesem Prozess an; also die Fragestellung, was kann ich tun, damit es anderes und besser wird? Bitte die Frage immer in der Ich-Form stellen; nicht, was können die anderen tun?, das wäre niemals zielführend.

„Wer Recht erkennen will, muss zuvor in richtiger Weise gezweifelt haben."

Aristoteles

Dieser Analyse schließt sich die Lösungserarbeitung und deren Verarbeitung an, also die Umsetzung der Änderungen. Hier sollten Sie auch darauf hinweisen, was verändert wurde, falls es der Rest des Teams nicht gleich mitbekommt. Sind es technische und reingeschäftlich bezogene Themen, ist es sehr einfach. Sind es Themen mit zwischenmenschlichem Charakter, müssen oftmals viele Gespräche geführt werden. Dies ist dann deutlich vielschichtiger und komplexer.

Selbstzweifel als Kontrollinstrument und als Selbstbegrenzung

▶ An sich kann man Selbstzweifel auch als interne Kontrolle sehen. Man reflektiert das eigene Tun und Handeln nochmals und kommt dabei in den Verdacht, dass es nicht ausreicht, was man selbst tun kann. Oft ist dies falsch, aber der Natur des Menschen geschuldet. Aus Selbstzweifel kann man durchaus Stärke gewinnen. Denn wenn man sich diesen Zweifeln und seinen eigenen Ängsten stellt, kann man vieles erreichen. Denn diese kosten viel Kraft und Energie, die dann in positive Energie umgemünzt werden kann. Da es vielen sehr schwer fällt, dies aus eigenen Stücken zu bewältigen, empfiehlt sich hier eine dritte Person (z.B. Trainer, Freund etc.) mit hinzuzuziehen.

Gemeinsam kann man diese Themen dann gut angehen. Angst ist kein guter Ratgeber, eher ein Hindernis für Chancen!

Wie gehe ich mit meiner Angst um?

Angst ist ein schlechter Begleiter und ein noch deutlich schlechterer Ratgeber. Doch viele Menschen werden von Angst befallen, sobald sie sich neuen Aufgaben stellen müssen. Gerade beim Berufseinstieg beschleicht daher viele junge Menschen das Gefühl der Angst. Diese kann sehr vielschichtig sein: Angst vorm Versagen, den Anforderungen nicht gerecht zu werden, Angst vor Enttäuschungen und selbst zu enttäuschen.

Doch oftmals ist diese Angst unbegründet, sozusagen eine Horrorvorstellung von allem Schlechten, das eintreten kann. Unser eigener Geist spielt uns also eine Horrorvorstellung vor, die beim neutralen und sachlichen Betrachten so nicht vorhanden ist.

Doch wie kann man solchen Ängsten begegnen? Einer der sinnvollsten und zielführenden Wege, unseres Erachtens, ist darüber zu sprechen. Nehmen Sie einen oder eine Vertraute zu diesem Thema mit ins Gespräch. Sprechen sie offen über Ihre Ängste und welchen Druck sie hier verspüren.

Eine weitere Möglichkeit ist das „qualitative Selbstgespräch oder innerliche Zwiegespräch". Gerade bei Zweifeln, nicht bei starken Ängsten, ist dies eine gute Methode, sich selbst zu befreien. Sprechen sie mit sich selbst zu diesem Thema. Geben sie sich selbst auch Ratschläge. Denn kein Mensch kennt Sie und Ihre Gefühlswelt so gut wie Sie selbst. Jedoch aufgepasst, Sie sind auch immer verleitet sich selbst zu belügen. Sie müssen hier objektiv sein. Nichts beschönigen oder verniedlichen, aber auch nichts herausheben und aus einer Mücke einen Elefanten machen. Dies ist hier die Kunst, die zugegeben nicht einfach ist und einiges an Disziplin und Übung bedarf. Als sinnvollste Variante ist wohl eine gute Mischung aus allen möglichen Vorgehensweisen zu empfehlen. Neben dem selbst Gedanken machen den Rat eines Dritten, eines hoffentlich unabhängigen und neutralen Ratgebers einzuholen scheint oft als sehr gute Ausgangsbasis für Entscheidungen zu dienen. Denn mit fremden Augen betrachtet ist die Nacht oft nicht so dunkel und der Berg nicht so hoch.

Auch ist ein „Stemmen" der Aufgaben und somit der Ängste eine gute Methodik, um hier voran zu kommen. Dies bedarf jedoch viel Mut und Selbstbewusstsein. *Abbildung 23* zeigt die Methoden zusammenfassend auf.

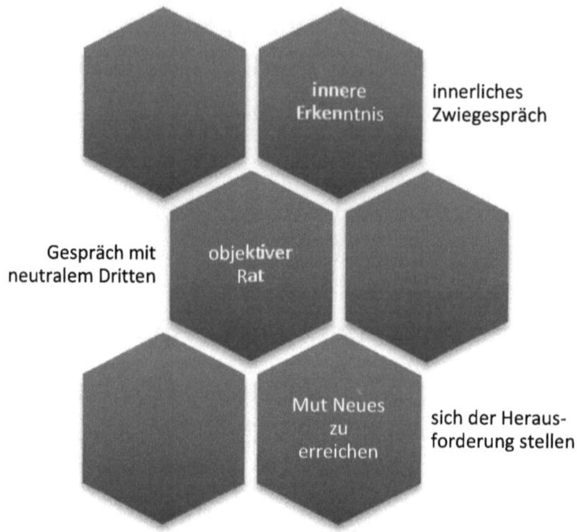

Abbildung 23: Methoden, Angst zu begegnen

„Furcht tut nichts Gutes. Darum muss man frei und mutig in allen Dingen sein und fest stehen."

Martin Luther

Wie baue ich mein eigenes Zeit- und Selbstmanagement auf?

Das Zeit- und Selbstmanagement ist ein fundamentalter Bestandteil des erfolgreichen Vorankommens. Denn wer hier diszipliniert und konsequent ist, arbeitet mit System und wird daher auch anderweitige Erfolgserlebnisse haben. Neben dem klassischen Zeitmanagement gehört selbstverständlich das klassische Planen von Vorgängen im Selbstmanagement zu den wichtigsten Ausgangssituationen. Denn wer einen Plan hat, hat sich schon Gedanken gemacht, ist somit schon in der Materie drin und kann sich schnell und konsequent an die Umsetzung machen.

Im Allgemeinen kann man ein aktives Selbstmanagement wie folgt aufbauen:

- Erstellen Sie sich einen Tages-, und wenn es geht, einen (Indikativen-) Wochenplan. Streichen Sie in diesem ab, was Sie bereits erreicht und erledigt haben. Das ist gut für das innere Selbstbewusstsein. Das Gefühl etwas geschafft zu haben stellt sich ein. Auch können Sie sich dafür selbst belohnen.
- Vermeiden Sie Ablenkung, dies gilt vor allem immer dann, wenn es sich um komplexe Vorgänge handelt. Oft reicht es, die Bürotüren zu schließen, das Telefon auf Kollegen umzustellen und **keine** Mails zu lesen (was auch bedeutet: das Smartphone ist nicht in Reichweite bzw. tabu).
- Teilen Sie die Aufgaben sinnvoll auf und gliedern Sie diese nach Priorität. Beginnen Sie mit dem **Wichtigsten** des Tagesplans; bereits am Montag sollten die wichtigsten Dinge des Wochenplans (die bereits bekannt sind) angegangen werden. Oft macht es auch Sinn, Unangenehmes sofort zu erledigen: dann ist es weg.
- Schauen Sie auf die Uhr. Behalten Sie die Zeit im Auge und setzen Sie sich Deadlines, bis wann etwas erledigt sein muss. Aber Vorsicht: Bringen Sie sich nicht selbst unter Zeitdruck. Es muss gut werden, nicht schnell.

- Vermeiden Sie, dass nachgearbeitet werden muss. Also lieber gleich richtig machen und nicht nur 80 Prozent geben. Alles, was man ein zweites Mal in die Hand nehmen muss, kostet Zeit und im Endeffekt Geld.
- Nutzen Sie, wenn es sich um längere Aufgaben handelt, die Ampel-Logik, wie weit Ihr Projekt ist. Hierbei ist auch Ehrlichkeit zu sich selbst ein wich tiger Faktor. Ist ein Projekt gelb oder gar rot, dann ist Handeln angesagt, nicht Schönreden.
- Beginnen Sie keine Projekte, welche Sie nicht schaffen können oder wo Ihnen grundsätzlich Ressourcen fehlen. Erst müssen alle Rahmenbedingungen stehen (also es muss ein Vorprojekt aufgesetzt werden), sollten Sie dieses angehen.
- Beenden Sie Projekte, die keine Chance auf Erfolg oder Abschluss haben. Dauerprojekte, die man nur noch mitzieht, fressen Zeit und bringen kein Erfolg. Diese sollte man als gescheitert ausbuchen. Auch dies gehört zum Leben.

Es wird gegebenenfalls Kollegen geben, die etwas verwundert schauen, wenn Sie nach obigem Muster vorgehen. Erklären Sie ihnen die Vorgehensweise. Damit schaffen Sie Verständnis und einen hohen Grad von Akzeptanz. Wenn die Kollegen den Vorteil dieser Vorgehensweise erkennen, werden viele ebenfalls zu diesem Selbstmanagementsystem übergehen. Probieren Sie es einfach aus.

Der Tagesplan nach dem von SEIWERT aufgestellten ALPEN-Prinzip

SEIWERT hat in seinem ALPEN-Prinzip Folgendes zur Erstellung eines Tagesplanes festgehalten:[38]

- Aufgaben, Termine und geplante Aktivitäten bestimmen und festhalten.
- Länge der Aktionen schätzen und festhalten.
- Pufferzeiten einplanen, da diese im Alltag benötigt werden.
- Entscheidungen aktiv treffen und nicht vertagen.
- Nachkontrolle, ob alles den gewünschten Ergebnisanforderungen entspricht.

Dabei ist es von großer Wichtigkeit, dass die Annahmen realistisch sind, gerade bei der Länge der Aktionen. Hier neigt man schnell dazu, unrealistische Ansätze zu haben. Des Weiteren sind die Pufferzeiten nicht zu unterschätzen. Gerade entscheidungsschwache Entscheidungsträger müssen sich zum Entscheiden anfangs sehr überwinden. Dies kann man gut trainieren. Auch können Dritte, die zum Beispiel als Time-Keeper (also Hüter der Zeit) oder als Mahner hinsichtlich Entscheidungen eingesetzt werden, hier Hilfestellung bieten.

Übrigens ist ein Tagesplan nichts Geheimes. Gerade wenn man im Team arbeitet, ist es sogar von großer Wichtigkeit, dass die einzelnen Teammitglieder den Tagesplan der anderen kennen. Denn sonst kommt es oft zu den nicht gewollten und deshalb den Plan stark einschränkenden Unterbrechungen und Störungen. Außerdem ist er auch ein Zeichen für die Leistungsfähigkeit. Ein Team kann daran erkennen, wie gut es derzeit im Hinblick auf die Teamleistungsfähigkeit unterwegs ist und was eventuelle Stolpersteine für den Teamerfolg sind.

Gedanken beeinflussen unsere Taten

„Was einmal gedacht wurde, kann nicht mehr zurückgenommen werden."

Dieses Zitat aus DÜRRENMATT'S „Die Physiker" passt hier ganz gut. Denn Gedanken steuern uns und unsere Taten. Keine Sorge, **Sie sollen viel und frei denken**. Das ist das Wichtigste überhaupt! Doch wollen wir darauf hinweisen, dass manchmal eine Wortwahl entscheidend sein kann. Verwenden Sie zum Beispiel anstatt des Worts Problem das Wort Thema. So macht es gleich einen positiveren Eindruck, denn ein Thema kann man schneller, ohne Angst etc. angehen. Ein Problem, da steht man erst mal vor einem Berg. Sprechen Sie statt von Hürden und von Einschränkungen von Stolpersteinen. So sind diese bei weitem nicht mehr so groß und können einfacher überwunden werden. Probieren Sie es aus; positives Denken macht viel aus, wenn man Erfolg haben will.

Networking

Was ist hier zu beachten?

Netzwerk ist gut, aber es muss schon auch das richtige sein. Und ein solches Netzwerk baut sich nicht von jetzt auf gleich auf. Es lebt und ist oftmals geprägt durch vielerlei Investitionen in dieses. Die Frage beim Netzwerkaufbau muss daher immer sein: Was kann ich in das Netzwerk geben? und nicht, was bekomme ich aus dem Netzwerk?

Ein Netzwerk in beruflicher Hinsicht setzt sich – wie so oft – aus vielen verschiedenen Ebenen zusammen. Zunächst sind hier die direkten Kollegen und Mitstreiter zu nennen. Mit diesen interagiert man Tag für Tag und ist somit auch permanent verbunden. Danach kommen zwei Ebenen, die gleichberechtigt agieren können. Zum einen eine Ebene der Vorgesetzten im Unternehmen und zum anderen eine Ebene von Netzwerkteilnehmern, die nicht dem eigenen Unternehmen angehören, mit denen man jedoch im Kontakt steht. Dies können zum Beispiel Kunden, Zulieferer und Serviceunternehmen sein. Eine weitere Netzwerkebene ist die der Expertenebene, mit der man nicht oft, aber wenn, dann sehr komplex zu tun hat. Es handelt sich um die Netzwerkteilnehmer, die immer dann zum Tragen kommen, wenn es um Spezial- und Expertenthemen geht. *Abbildung 24* zeigt die Ebenen nochmals zusammenfassend auf.

Abbildung 24: Aufbau eines Netzwerkes

Wie baut man ein Netzwerk auf?

So, und wie baut man nun ein solches Netzwerk auf? Das ist einfacher gesagt als getan. An sich ist es ein langwieriger und zeitaufreibender Prozess, welcher vor allem bedingt, dass man viele Projekte und Aufgaben gemeinsam bewältigen muss und kann. Der beste Weg ein Netzwerk aufzubauen ist, anderen seine Hilfe anzubieten. Denn wer hilft, dem wird i. d. R. auch geholfen!

Netzwerken in Berufsverbänden und bei Veranstaltungen ist ebenfalls ein wichtiger Punkt. Jedoch ist hier zu sehen, dass alle Teilnehmer an einer solchen Veranstaltung mit derselben Einstellung da sind. Dies kann von Vorteil sein, da die

Fronten gleich geklärt sind, aber auch von Nachteil, wenn nämlich immer die gleichen Menschen bei diesen Veranstaltungen auftauchen.

Netzwerken ja, aber nicht um jeden Preis!

- Ein Netzwerk ist toll, aber wenn dieses um jeden Preis versucht wird anzustreben, ist dies eher peinlich. Daher gehen Sie hier ganz entspannt und ohne große Erwartungen vor. Dann werden Sie viel schneller in ein gutes Networking kommen als Sie denken.
- Immer wieder kommt die Frage auf, was bei einem Small Talk denn für Themen ankommen. Dies ist natürlich nicht einfach zu sagen, weil es immer auf den Gegenüber ankommt. Doch gerade aktuelle Themen der Zeitgeschichte, auch Geopolitik und fachliche Themen sind oftmals von großer Bedeutung. Des Weiteren werden oft gesellschaftliche und kulturelle Themen besprochen. Und wenn Ihnen gar nichts einfällt, sprechen Sie über das Wetter ... Es gibt Menschen, die machen das als Lückenfüller einen ganzen Abend ... Aber das sollte die absolute Ausnahme sein!

Welches Networking ist zielführend und bringt etwas?

Wir wollen an dieser Stelle nochmals auf das Thema Berufsverbände, Zusammenschlüsse von Interessensgemeinschaften etc. eingehen. Gerade in diesen wird gut organisiert und strukturiert Netzwerkarbeit betrieben. Daher ist es auch anzuraten, sich in diesen Gesellschaften einzubringen und deren Veranstaltungen etc. zu besuchen. Denn hier bündeln sich viele Fragestellungen und deren Antwortmöglichkeiten.

Ein weiterer Vorteil ist, man lernt Mitbewerber kennen und kann diese dann besser einschätzen und ggf. auch Kontakte für eine weitere Karriereplanung knüpfen. Nicht selten werden, bei guten und klugen Köpfen, Abwerbungsversuche unternommen, welche durchaus lukrativ sein können.

„Im Grunde sind es doch die Verbindungen mit Menschen, die dem Leben seinen Wert geben."

Wilhelm von Humboldt

Ein weiterer Grund ist, dass Sie auf diesen Treffen und Veranstaltungen mit Gleichgesinnten einen fachlichen Austausch pflegen können, welcher Ihnen in der Branche zu einem Ruf verhelfen kann. Denn wenn Sie sich hier mit einem positiven Bild und guten Aussagen positionieren, wird dies auch über Ihr Unternehmen hinaus bekannt. Dann werden Sie mit der Zeit von extern angesprochen, und nicht umgekehrt. Denn Sie sind nun aufgefallen und haben sich interessant für „andere" gemacht.

Das Netzwerk der Studierenden

- Viele Studierende bringen ein großes Netzwerk mit, ohne dies genau zu wissen. Es ist das Netzwerk der Alumni-Gemeinschaft der Hochschulen und der Kommilitonen, mit denen man die letzten Jahre studiert hat. Dies ist oftmals sehr umfangreich und nicht zu missachten.

- Dieses Potential haben auch die Hochschulen und Universitäten entdeckt und fördern daher den aktiven Austausch zwischen der Alma Mater und deren Alumni.

Was sind die absoluten do's?

Ein selbstsicheres, aber elegant zurückhaltendes Auftreten ist oftmals von großem Vorteil. Freundlich und interessiert (aber wirklich und nicht gespielt) sollte das Auftreten sein. Denn nur wer glaubhaft und mit Nachdruck versichern kann, dass er am Gegenüber Interesse hat, wird von diesem auch respektiert werden.

In einer solchen von Harmonie geprägten Situation ist das Austauschen von Visitenkarten nur noch eine Formsache. Nun gilt es im Kontakt zu bleiben und diesen zu festigen.

Visitenkarten sind ein wichtiges Instrument, um auf einen schnellen und unkomplizierten Weg viele Daten zu übermitteln. Natürlich geht es auch ganz unkompliziert durch das Austauschen von Handy-Nummern. Dennoch hat die Visitenkarte eine andere Wertigkeit und signalisiert eine höhere Professionalität, zumal diese Informationen zur Verfügung stellen, welche i. d. R. nicht im Gespräch Eingang gefunden haben (wie z.B. Abschluss und Titel etc.)

Welche Netzwerke sind wichtig?

- Berufs- und Fachverbände
- lokale Netzwerke wie IHK, Zusammenschlüsse und Interessensverbände

- Wirtschaftsjunioren oder ähnliche Verbindungen/Gemeinschaften
- Alumni-Netzwerk der Hochschule
- Kommilitonen als natürliches Netzwerk

Was sind die no-go's beim Networking?

Hier gibt es, wie im Leben so üblich, viele Fettnäpfchen. Davor kann man niemanden wirklich schützen, nur Hinweise geben, diese nicht vollständig alle mitzunehmen.

Als einer der einprägsamsten Fehler ist, zu forsch und zu fordernd aufzutreten. Denn dies schafft genau das Gegenteil von dem, was Sie erreichen wollen. Wer mit der Türe ins Haus fällt wird nicht als seriös und integer wahrgenommen, sondern eher als windig und geschwätzig. Ein großspuriges Auftreten sollte daher vermieden werden.

Ein geschäftliches Netzwerk ist kein oder nur bedingt ein privates Netzwerk. Hier müssen Sie unterscheiden lernen. Hat man als Studierender oftmals noch keine Trennung vorgenommen und jeden gleich zu Facebook hinzugefügt, wird sich dies im Praxisleben für Sie ändern. Denn es wird Teilnehmer Ihres Netzwerkes geben, mit denen Sie zwar in professioneller Hinsicht gut und gerne zusammenarbeiten, aber in privater Hinsicht eher Distanz wahren wollen. Dies bedarf etwas Feingefühl bzw. einigen Erfahrungen.

Netzwerken im Internet

Facebook etc. ist doch viel mehr für den privaten Gebrauch geeignet als zum Pflegen von geschäftlichen Netzwerkaktivitäten. Daher sollten Sie hier mit Fingerspitzengefühl vorgehen. Netzwerke wie LinkedIn und Xing sind hier zielführender. An sich zeigt *Abbildung 25* den doch sehr geringen Anteil von Online-Nutzern auf. Ein Großteil der Netzwerkarbeit findet im „realen Leben" statt.

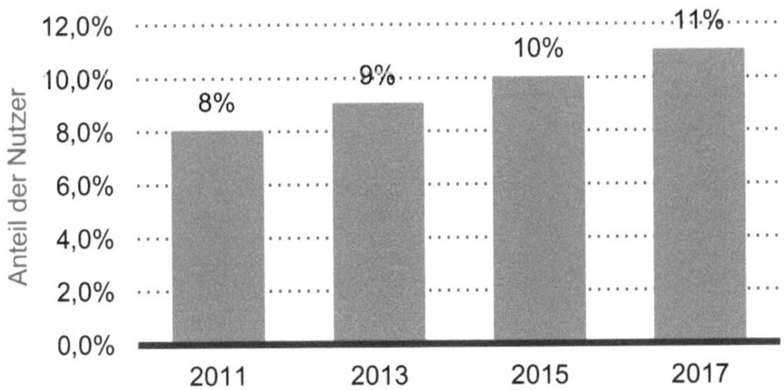

Abbildung 25: Anteil der Personen in Deutschland, die das Internet zur Teilnahme an beruflichen Netzwerken nutzen, in ausgewählten Jahren von 2011 bis 2017[39]

Brutto ist nicht netto – endlich Gehalt

Was nicht ganz unwesentlich für Berufseinsteiger ist, ist die Tatsache, dass man nun auch Geld verdient. Selbstverständlich fiel dieses auch die letzten Jahre des Studiums nicht vom Himmel, sondern wurde mit Kellnern, Arbeiten in der Produktion in der vorlesungsfreien Zeit und vielen anderen Tätigkeiten eingeworben. Doch das erste richtige Gehalt … das ist schon etwas Anderes. Es gibt einem, neben dem Gefühl der Unabhängigkeit, auch das gute Gefühl, dass sich die ganzen Anstrengungen der vergangenen Jahre gelohnt haben.

„Man muss jeden nach seinen Werken entlohnen."

Voltaire

An dieser Stelle wollen wir daher einen kleinen Überblick zum Thema Gehälter geben. Zunächst: Wer Gehalt bezieht ist sozialversicherungs- und steuerpflichtig. In welchem Umfang, kommt auf das Gehalt an. Aber das Brutto wird durch die Gesamtheit der Abzüge zum Nettogehalt.

So kann man exemplarisch Nachfolgendes aufstellen:[40]

Steuerklasse	I
Kirchensteuerpflicht	ja
Kirchensteuersatz	8 %
Krankenkasse	Pflichtversicherung
Krankenkassensatz	15,5 %

Rentenversicherungspflicht	ja
Kinderfreibetrag	0
Bundesland	Baden-Württemberg
Bruttogehalt	3.500,00 €
Lohnsteuer	- 565,58 €
Solidaritätszuschlag	- 31,11 €
Kirchensteuer	- 45,25 €
Krankenversicherung	- 294,00 €
Pflegeversicherung	- 53,38 €
Rentenversicherung	- 327,35 €
Arbeitslosenversicherung	- 52,50 €
Nettogehalt	2.130,93 €

Die entstandenen 2.130,93 Euro stehen Ihnen nun zu **freien** Verfügung. Daraus sollten Sie jedoch als erstes einen Teil für die eigene Absicherung zurückstellen. Denn sowohl für die private Altersvorsorge, evtl. eine Krankenzusatzversicherung (oder eine private Krankenversicherung an sich), eine Berufsunfähigkeitsversicherung wie auch für Versicherungen des täglichen Lebens wie Haftpflicht, Hausrat und Unfallversicherung sollten Sie vorsorgen.

Die Steuererklärung

- Als Arbeitnehmer sind sie grundsätzlich einkommensteuererklärungspflichtig. In Deutschland wird dies durch § 149 der Abgabenordnung (AO) sowie durch das Einkommensteuergesetz (EStG) geregelt. Dabei regelt § 19 des EStG die Einkünfte aus nichtselbständiger Arbeit. Die Erstellung und Abgabe der Steuererklärung, kann durch Sie selbst oder einen durch Sie beauftragten Steuerberater erfolgen. I. d. R. (also ohne Fristenverlängerung bzw. Sonderfälle) ist die Steuererklärung bis zum 31. Mai für das Vorjahr abzugeben. Eine Verlängerung bis zum 31. Juli wird ab 2018 eingeführt. Wird die Steuererklärung über einen Steuerberater erstellt, gewährt das Finanzamt eine automatische Fristenverlängerung bis zum 31.12. des Jahres.

- Die Abgabe kann in Papierform wie auch elektronisch über das System ELSTER erfolgen. Sollten Sie sich nicht sicher sein, nehmen Sie Kontakt zu Ihrem Finanzamt auf, gerade bei Erstanträgen ist es um ein vielfaches einfacher, einfach nachzufragen.
- Übrigens: Die Lohnsteuerkarte gibt es schon lange nicht mehr. Alle Daten werden heute mittels der Steueridentifikationsnummer gespeichert und auf einem Ausdruck des Arbeitgebers, welcher genau die Felder enthält, wie die Daten in die Steuererklärung müssen, bescheinigt. Somit ist das Ausfüllen sehr einfach geworden.

Da Sie nun auf eigenen Beinen stehen, sind alle Risiken, welche Sie eingehen, auch Ihre eigenen Risiken. Daher sollten Sie sich hier fachkundig beraten lassen. Wichtig: Holen Sie immer mehrere Angebote ein und hinterfragen Sie, was Sie wirklich benötigen. Nicht das ganze „Sorglos-Paket" buchen, das kostet an sich nur Geld und wird selten benötigt. Es kommt auf die großen Risiken an, welche Sie abdecken müssen.

Ausführlich Gedanken machen!

Gerade immer, wenn es um Verträge (welcher Natur auch immer) geht, sollten Sie sich mit dem Abschluss Zeit lassen und sich viele Gedanken über das Für und Wider machen und auf jeden Fall mehr als zwei Angebote einholen. Die Unterschiede können teilweise drastisch sein. Holen Sie sich mehrere Ratschläge ein und ziehen Sie, wenn es geht, eine dritte Partei zu den Beratungen hinzu. Unterschrieben sind Verträge immer schnell, aber deren Sinnhaftigkeit muss schon gegeben sein. Daher Augen und Ohren auf!

Was zum Beispiel die Altersvorsorge anbelangt, sollten Sie auch mit Ihrem neuen Arbeitgeber besprechen. Viele Unternehmen bieten hier ab einer gewissen Betriebszugehörigkeit Programme an, welche durchaus sehr lukrativ sein können. Neben der gesetzlichen Rente hätten Sie dann noch den Baustein betriebliche Rente und sollten diesen dann noch durch einen letzten, den privaten Rentenbaustein ergänzen. Auch können staatlich geförderte Programme wie die „Riester-Rente" hier Sinn machen.

Zum Thema Altersvorsorge und dem Thema Risikoabsicherung kann man keine generelle Aussage treffen. Hier muss man individuelle Beratungsleistung in Anspruch nehmen. Wichtig ist jedoch, und das kann man hier als Generalaussage stehen lassen, dass man sich schnellstmöglich und so gut wie möglich darum kümmern sollte! Aber nicht blind, sondern gut informiert. Holen Sie auch mindestens zwei oder drei Angebote ein und lassen sich von unterschiedlichen Stellen beraten. Denn auch hier gilt: viel hilft viel!

Das „neue Leben“

Manchmal ist das „neue Leben“ auch mit einem Ortswechsel verbunden. Damit zeigt sich der neue Lebensabschnitt noch deutlicher auf. Neue Wohnung, neue Umgebung und neu auf einen zukommende Kosten. Gerade ein Umzug, eine neue Bleibe und/oder auch ein neues Auto sind Kostenfaktoren, die hinzukommen und mit denen man planen muss.

„Betrachte einmal die Dinge von einer anderen Seite, als du sie bisher sahst; denn das heißt ein neues Leben beginnen.“

Mark Aurel

Ein neuer Standort kann auch neue Lebenshaltungskosten mit sich bringen. Nehmen wir einmal an, Sie haben Ihren Traumjob in München erhalten und ziehen aus einer ländlichen Gegend in die bayrische Landeshauptstadt. Das Niveau der Mieten und Lebenshaltungskosten ist hier ein deutlich anderes als in Ihrer alten Heimat. Daher sollten Sie vom ersten Gehalt an sich Gedanken über einen Ausgabenplan machen. Ein solcher Haushaltsplan kann Ihnen, gerade am Anfang eine gute Orientierung und Richtschnur sein.

Sobald sich das Neue eingespielt hat, kann man dann darauf verzichten, wenn man dies will und kann.

Einnahme	Betrag in Euro	Ausgabe	Betrag in Euro
Gehalt (netto)	2.130,93		
		Miete inkl. Nebenkosten	700,00
		Lebenshaltung	650,00
		Rentenversicherung	50,00
		sonstige Versicherungen	50,00
		Auto und Benzin	150,00
		Handy/Telefon/Internet	30,00
		Fitness/Sport	50,00
		sonstiges	50,00
Summe	2.130,93		1.730,00

Die in unserem Beispiel übrigbleibenden ≈ **400 Euro** wären zur wirklichen freien Verfügung. Selbstverständlich sind die angesetzten Beträge und Posten nur exemplarisch gewählt und diese können je nach dem variieren.

Vermögensbildung und private Rücklagen

- ▶ Vermögensbildung wird auch staatlich gefördert. Welche Möglichkeiten hier für Sie bestehen, erfahren Sie bei Ihrer Bank oder im Internet. Hier können Sie auch die Einkommensgrenzen und Förderprogramme erfahren. Auch erhalten Sie einen Überblick, welche Möglichkeiten an sich bestehen.

- Private Vermögensbildung sollte ab dem ersten Arbeitstag ein Teil Ihres Gedankengutes sein. Denn wer von Anfang an versucht etwas hierfür zu tun, tut sich einfach leichter.
- Auch sollten Sie das Thema private Rücklage im Auge behalten. Als Faustformel kann man sagen, diese sollte drei Monatsgehälter betragen und für unvorhergesehenes zur Verfügung stehen. Sozusagen als Notfallkasse.

Der Schritt mit dem Einstieg ins Berufsleben ist auch ein großer Schritt zu einer weiteren persönlichen Veränderung und Reifung. Auf eigenen Füssen stehen und somit auch alle Handlungen selbst zu verantworten, ist eine große Herausforderung. Wer diese jedoch aktiv angeht und gestaltet, wird sich schnell sehr wohl fühlen in der neuen Rolle.

Kreditwürdigkeit

Wir wollen an dieser Stelle auf das Thema Kredit eingehen. Auch wenn Sie nun im Berufsleben stehen und die Bank Ihnen aufgrund Ihres Gehaltes nun eine gewisse Bonität und Kreditwürdigkeit einräumt, sollten Sie von diesem Kredit nicht gleich Gebrauch machen. Denn wer sich hier zu früh und mit zu vielen Raten „verstolpert", wird sehr lange dafür bezahlen. Daher lieber erstmals das Geld ausgeben, welches zur Verfügung steht, als gleich noch Geld von der Bank aufnehmen.

Checkliste für das Berufsleben

- Habe ich alle formalen Themen mit dem Berufseinstieg erledigt?
- Habe ich meinen privaten Haushaltsplan gemacht?
- Habe ich alle Versicherungen und Absicherungen, die ich benötige?
- Was ist das Ziel für die nächsten drei Jahre?
- Was fehlt mir noch?

Der Plan für die nächsten drei Jahre

Pessimisten würden nun sagen: *„Planen kann man viel, was daraus wird, muss man sehen!"* Aber wir halten dagegen: Wer einen Plan hat, hat sich zumindest schon mal Gedanken gemacht. Daher unser Rat, einen Plan für die nächsten drei Jahre aufstellen.

Beinhalten sollte der Plan neben der beruflichen Entwicklung auch die private, da diese Bereiche an sich ohnehin zusammenfinden.

Nachfolgend finden Sie einige Richtschnurfragen, welche Sie in Ihrem persönlichen Plan abarbeiten sollten.

- Wie sehe ich meine berufliche Entwicklung in den kommenden drei Jahren?
- Welche Meilensteine möchte ich meistern?
- Welche Gehaltsvorstellungen habe ich für die kommenden drei Jahre?
- Was ist mir für mein privates Leben in den nächsten drei Jahren von Bedeutung?
- Wie flexibel bin ich?
- Welchen prozentualen Grad hat meine Work-Life-Balance? Würde ich für den Beruf umziehen?
- Würde ich für den Beruf ins Ausland gehen?
- Welche Weiterbildungsthemen möchte ich in den kommenden drei Jahren angehen?

- Wie sieht meine Familienplanung aus?
- Was muss auf jeden Fall in den kommenden drei Jahren geschehen?
- Was darf auf keinen Fall in den kommenden drei Jahren geschehen?

Anhand der oben aufgestellten Fragen, sollten Sie für sich einen groben Fahrplan „stricken" und sich dann an dessen Abarbeitung machen. Dabei schlagen wir vor, in Meilensteine zu denken und diese wie eine Perlenkette aneinander zu reihen. Beispielsweise könnte ein solcher Plan wie in *Abbildung 26* dargestellt sein.

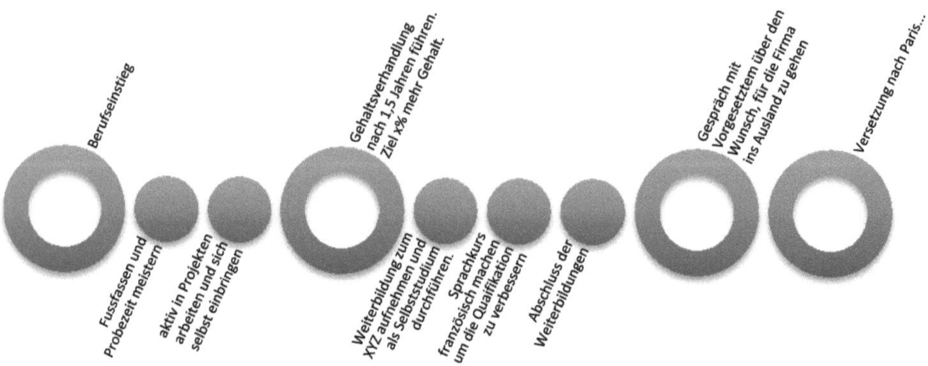

Abbildung 26: Exemplarischer Meilensteinplan nach dem Berufseinstieg für drei Jahre.

Natürlich ist das dargestellte Szenario vereinfacht dargestellt. Dass es auch zu Rückschlägen kommt, ist selbstredend. Dennoch ist eine solche Planung von großem Vorteil, denn man behält die wesentlichen Meilensteine für sich im

Blick. Oftmals macht es auch Sinn, alle privaten Events mit einzubeziehen, damit man diese in Einklang mit der geschäftlichen Planung bringen kann. Also Fragen der Familienplanung, auch hier einer räumlichen und zeitlichen Flexibilität etc. Oftmals macht dies auch Sinn, einen solchen Plan direkt mit dem Partner oder der Partnerin zusammen aufzustellen bzw. beide planen und als dritten Plan kommt dann der gemeinsame noch hinzu.

Nichts ist so beständig wie der Wandel

Getreu diesem Motto ist auch ein Lebensplan ständig von Veränderungen und Anpassungen betroffen. Das ist jedoch kein Thema, sondern völlig normal und das Leben. Daher gehen Sie diese Veränderungsprozesse aktiv an und gestalten Sie diese. Passen Sie Ihren Lebensplan an und suchen Sie nach neuen Möglichkeiten.

Dies gilt auch dann, wenn Sie der Ansicht sind, dass Sie den aufgenommenen Job in der nun dargebrachten Art und Weise nicht machen wollen. Oftmals erkennt man erst nach Wochen, dass etwas doch nicht so ist, wie man sich das gewünscht und vorgestellt hat. Dann sollten Sie beginnen, sich darüber Gedanken zu machen, ob das Empfinden nur eine kurzzeitige Phase ist, oder ob Sie der Ansicht sind, dass es Sie langfristig beschäftigt. Sollte letzteres der Fall sein, sollten Sie direkt in einen aktiven Veränderungsprozess einsteigen. Holen Sie sich aber hierzu Rat aus Ihrem engsten Beraterkreis und lassen Sie sich mit der endgültigen Entscheidung Zeit. Denn gerade am Anfang ist es oftmals so, dass man sich eine Phase der Einfindung und des Durchbeißens geben muss.

Work-Life-Balance und die Arbeitswelt 4.0

Das Thema Work-Life-Balance ist ein essentielles und wichtiges Thema, wenn es darum geht, wie man das Berufsleben in das eigentliche Leben integrieren kann. Letztendlich muss jeder für sich entscheiden, ob er entweder:

- lebt um zu arbeiten?

  oder
- arbeitet um zu leben?

Für beide Modelle gibt es gute Gründe. Wichtig ist jedoch, dass jeder für sich selbst hier den Rahmen absteckt, in welchem Umfang und mit welchem Zeiteinsatz er sich an der Arbeitswelt beteiligen will. Dass sich Rahmenbedingungen wie persönliche Freiheit, Gehalt etc. vom jeweiligen Einsatz in der Arbeitswelt beeinflussen lassen, steht außer Frage.

Dass sich das Verhältnis der Arbeitszeit und der privaten Zeit in den vergangenen Jahren verändert hat aber auch. Dieser Trend wird mitzunehmender Digitalisierung, Automatisierung und dem Einsatz von Künstlicher Intelligenz (A.I.) in der Arbeitswelt 4.0 noch deutlich zunehmen. Diese steht, vor allem betrachtet unter diesem Aspekt, vor einem erneuten großen Umbruch, welcher noch nicht konkret abschätzbar und zu überblicken ist. Was jedoch heute schon absehbar ist, dass es in der Hinsicht zu Verschiebungen kommt, dass immer mehr spezialisierte Arbeitskräfte gebraucht werden, die im Bereich quantitative Methoden, IT, technische Umsetzung und Planung tätig sind. Bereiche, die stark standardisiert werden können, werden in den kommenden Jahren eher schrumpfen.

In ihrer Serie: *„Wer braucht noch Banker?"* schrieb die BÖRSENZEITUNG am 16. August 2017 *„Künstliche Intelligenz macht agil."* Dabei geht die BÖRSENZEITUNG neben der anziehenden Digitalisierung und somit einer einhergehenden Verschlankung von Prozessen vor allem auf die Gewinnung von Informationen aus den riesigen Datenmengen, welche Tag für Tag anfallen, ein. Diese können nun endlich nutzbar gemacht werden. Es wird ferner aufgezeigt, dass Computerprogramme heute schon in der Lage sind, Vertragsdaten zu durchsuchen, Verträge zu prüfen und ganze Compliance-Aufgaben zu übernehmen. Das Blatt zeigt dadurch auf, dass es nicht nur eine Branche treffen wird, sondern alle tangieren. Ein Umbruch hat begonnen, von dem die meisten noch gar nichts ahnen. Doch gerade Sie, als Berufseinsteiger, sollten sich vom ersten Tag an dieser neuen Welt und diesen Herausforderungen stellen und diesen positiv begegnen. Denn wie die BÖRSENZEITUNG im siebten Teil ihrer Serie richtig bemerkt: *„Digitalisierung erfordert Innovationkultur."*

Und gerade hier kommen die neuen Köpfe der Berufseinsteiger zum Einsatz. Hier können sie sich frei und völlig ungezwungen in das Thema einfinden. *Abbildung 27* zeigt die Umfrageergebnisse auf, welche die Fragestellung: *Welche Beschäftigungseffekte, die durch die digitale Transformation entstehen, sind Ihrer Meinung nach entscheidend?* beantwortet. Hieraus kann sehr deutlich geschlussfolgert werden, dass viele (nicht nur Berufseinsteiger, sondern auch alte Hasen) einen positiven Nutzen aus der digitalen Transformation für sich selbst ziehen und ableiten können.

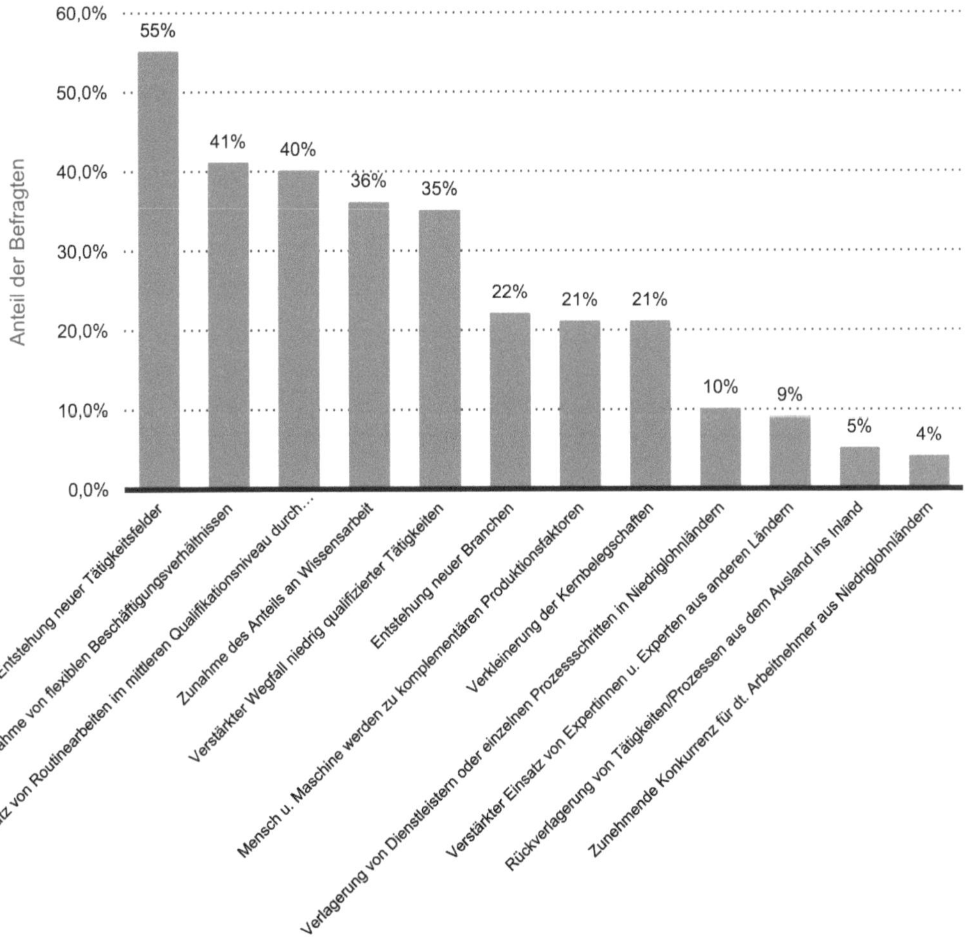

Abbildung 27: Welche Beschäftigungseffekte, die durch die digitale Transformation entstehen, sind Ihrer Meinung nach entscheidend?[41]

Wir sind uns jedoch sicher, dass gerade die Berufseinsteiger hier Dynamik übertragen und vor allem Schwellenängste und die gedanklichen Barrieren im Kopf abbauen können. Denn wie man *Abbildung 28* entnehmen kann, sind die gedanklichen Herausforderungen an die neue Arbeitswelt sehr vielschichtig und komplex.

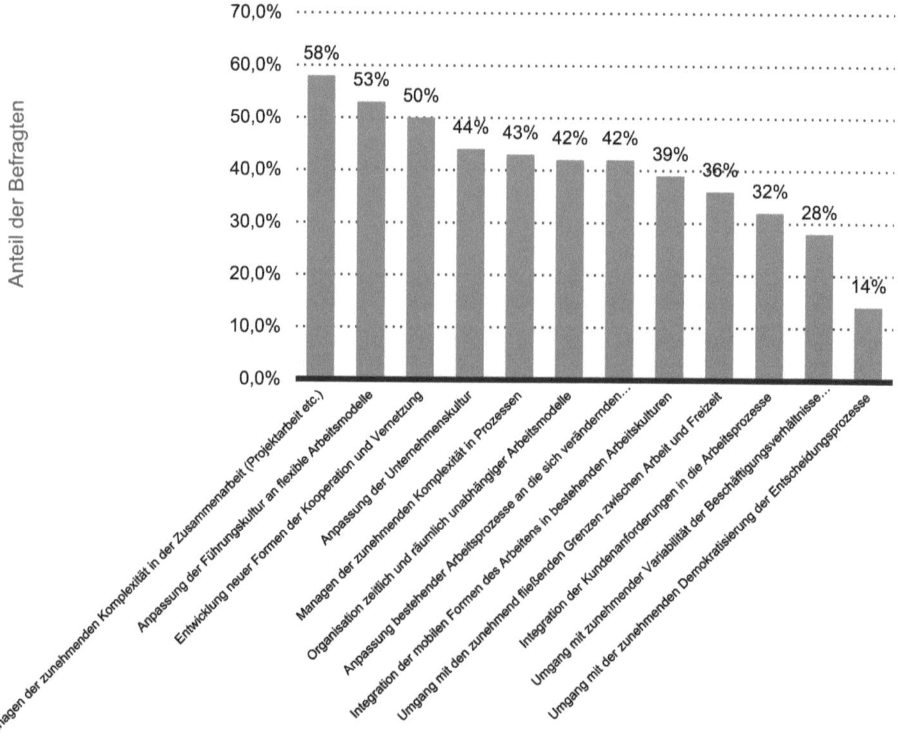

Abbildung 28: Was sind Ihrer Meinung nach die größten Herausforderungen der digitalen Transformation für die Arbeitsorganisation?[42]

Abschließend kann man schlussfolgern, dass Innovation nur mit – teilweise starkem – Umbruch möglich ist. Eine solche Veränderungswelle schaffen neue Mitarbeiter emotional eher, da diese nicht so stark an das alte und liebgewonnene gebunden sind. Dennoch gilt es, alle mit auf die Reise in die neue Arbeitswelt 4.0 zu nehmen. Und dazu kann jeder im Team beitragen.

Arbeitswelt 4.0

- Auch in der Zukunft wird es viele und wichtige Arbeitsplätze geben und nicht alles wird der Digitalisierung und der neuen Arbeitswelt 4.0 zum Opfer fallen. Die Arbeitswelt wird sich jedoch deutlich verändern. Dies geschieht jedoch nicht zum ersten Mal, und es wird auch nicht das letzte Mal sein.

Was man heute schon mit Bestimmtheit sagen kann, ist, dass in den kommenden Jahren viele Arbeitsschritte auf IT-Plattformen eingebunden und dort dann betrieben werden. Durch Mustererkennung, Sprachsteuerung, Spracherkennung, selbständiges Lernen etc. werden viele Standardarbeitsschritte nach und nach verschwinden und automatisiert. Man kann somit schlussfolgern, dass die Arbeitswelt der Zukunft eine plattformbasierende Arbeitswelt sein wird. Doch auch diese benötigten Menschen, welche mit dieser und an diesen arbeiten und diese voranbringen. Machen Sie sich gleich damit vertraut, wenn neue Technik und Systeme eingeführt werden, und entwickeln Sie sich zu einem Spezialisten. Dann werden Sie eher Vorteile daraus ziehen können.

Wie geht es weiter? Aktives Weiterbilden

Wer rastet, der rostet! Nicht nur der Volksmund nutzt dieses Zitat gerne und häufig, auch in Personalabteilungen wird dieses gerne ausgesprochen. Denn wer stehen bleibt, der ist schnell von vorgestern und damit nicht mehr mit anderen konkurrenzfähig. Daher kann man nur dazu raten, permanent auf der Höhe der Zeit zu bleiben und dies durch Weiter- und Fortbildungen auch belegen zu können. Gerade in der Arbeitswelt 4.0 wird es hier zu vielen Änderungen kommen, welche geradezu einladen, sich weiterzubilden.

Laut STATISTA haben 83,7 Prozent aller deutschen Arbeitnehmer ein großes Interesse an beruflicher Weiterbildung, jedoch bekommen nur circa zwei Drittel aller Arbeitnehmer dies vom Arbeitgeber ermöglicht. Dabei haben 33,2 Prozent die Weiterbildung selbst vorgeschlagen.[43] Sehr erstaunlich ist, dass die Bereitschaft, die Weiterbildung am Wochenende durchzuführen, bei 48,6 Prozent liegt und die Bereitschaft, 10 Prozent der Kosten selbst zu übernehmen bei 25,2 Prozent. 10,5 Prozent aller Befragten würden sogar bis zu 25 Prozent der Kosten privat tragen.[44]

Diese Zahlen zeigen auf, wie groß die Nachfrage und Bereitschaft für Weiterbildung ist. Gerade für einen Berufseinsteiger sollte es daher Usus sein, sich hier ein geeignetes Programm auszusuchen, um immer „up to date" zu bleiben. Die Angebote sind vielfältig und in fast jedem Fachbereich vorhanden. Meist werden diese durch private Bildungsträger durchgeführt und/oder durch staatliche bzw. teilstaatliche Institutionen unterstützt.

"Education is the most powerful weapon which you can use to change the world."

Nelson Mandela

Das TRENDENCE INSTITUT hat im Herbst 2016 eine Befragung durchgeführt, welche im Januar 2017 durch das STAUFENBIEL INSTITUT veröffentlicht wurde. Die Fragestellung war (gerichtet an Bildungseinrichtungen): Welche Weiterbildungsmaßnahmen bieten Sie? Es waren Mehrfachnennungen möglich. Das Ergebnis entnehmen Sie *Abbildung 29*.

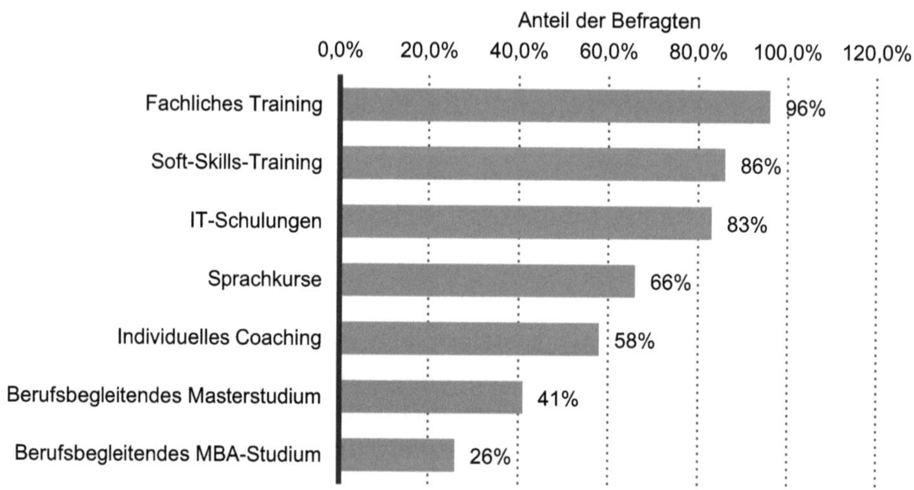

Abbildung 29: Welche Weiterbildungen bieten Sie?[45]

Wie man gut erkennen kann, ist der Bereich fachliches Training sowie auch das Soft-Skills-Training und die IT-Schulungen weit abgeschlagen vor den anderen. Es zeigt jedoch auch, dass gerade diese Themen es sind, welche die Unternehmen von ihren Mitarbeitern fordern: fachliches Know-how verbunden mit einer guten ausgeglichenen Soft-Skill-Atmosphäre.

Es ist ebenfalls sehr interessant zu sehen, dass Führungskräfte regelmäßige Weiter- und Fortbildungsmaßnahmen als Instrumente einsetzen, um das Unternehmen für den Mitarbeiter attraktiv zu halten. Damit kommt dieses Instrument, nach einer Studie des INSTITUTS DER DEUTSCHEN WIRTSCHAFT, gleich (oder gleichauf) mit der flexiblen Arbeitszeitgestaltung zum Tragen. Abbildung 30 zeigt dies nochmals zusammenfassend auf.

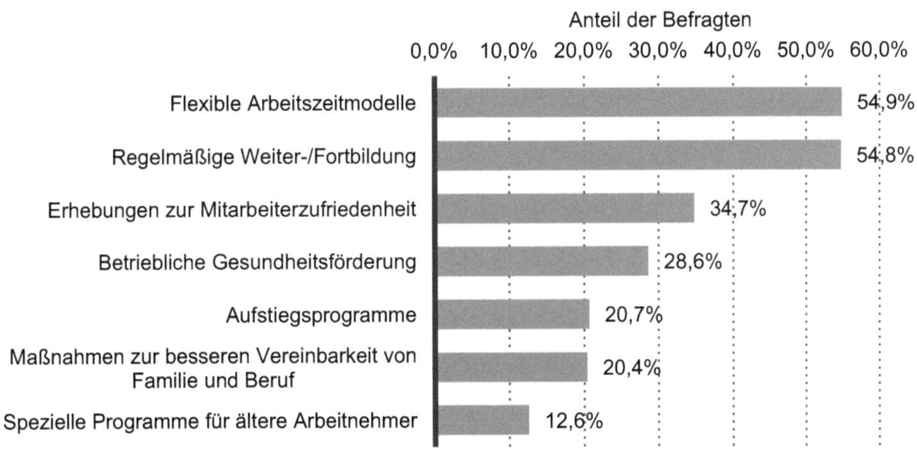

Abbildung 30: Welche Instrumente werden eingesetzt, das Unternehmen als attraktiv darzustellen?[46]

Epilog

Der Weg ins Berufsleben ist ein schöner, aber oftmals auch ein anstrengender Weg. Denn man geht diesen nur ein einziges Mal im Leben und hat keinerlei Vergleichsmöglichkeiten. Doch es ist ein freudiger Weg in ein eigenes, selbstbestimmtes und freies Leben.

Wir hoffen, dass wir mit dem vorliegenden kleinen Buch diesen Weg mit praktischen Tipps und Anregungen so einfach wie nur möglich mitgestalten können. Selbstverständlich wird jeder Berufseinstieg anders verlaufen und sich gestalten. Jeder wird aus der eigenen Erfahrung, dem eigenen Umfeld und dem Familien- und Freundeskreis schöpfen und sich anderen Herausforderungen stellen müssen. Dennoch sind wir der Ansicht, dass einige dieser Herausforderungen Ähnlichkeiten und Parallelen aufweisen und wir uns daher erlauben konnten, hier Hinweise zu geben.

Am Ende dieses Buches ist es uns vor allem nochmals wichtig, Sie alle im Berufsleben oder an der Schwelle in dieses willkommen zu heißen und Ihnen für Ihren neuen Lebensweg alles Gute zu wünschen. Gehen Sie den Weg beherzt und ohne Angst. Sie sind gut vorbereitet und für den Rest sorgt das Leben. Haben Sie einfach Spaß!

Stuttgart und Wien, im Frühjahr 2018

Michael Bloss und Christian Peksen

Literaturverzeichnis

Allhoff, D-W., Allhoff, W.: Rhetorik & Kommunikation; Reinhardt Verlag, 14. Auflage (2006).

Berner, Hagenhoff, Vetter, Führing: Ermutigende Führung (2015), Schäffer Poeschel, Stuttgart.

Duhigg, Charles: Smarter, schneller, besser: Warum manche Menschen so viel erledigt bekommen – und andere nicht, Redline Verlag, 2017.

Dürrenmatt, Friedrich: Die Physiker, Diogenes (1962).

Fengler, J.: Feedback geben, Weinheim 1998.

Geiger, John G., Downey, Dorothy E., persolog® Verhaltensprofil.

Höft, S., Obermann, C., Janke, O.: Deutschland-Studie 2008, Arbeitskreis Assessment Center e. V. In: Dokumentation zum 7. Deutschen Assessment-Center-Kongress.

Jeschke, Barnim G.: Entscheidungsorientiertes Management, De Gruyter Oldenbourg, 2017.

Myers, K.K. & Sadaghiani, K. J Bus Psychol (2010) 25: 225. https://doi.org/10.1007/s10869-010-9172-7.

o. V.: Gutes Feedback – Regeln für eine wirksame Rückmeldung, Georg-August-Universität Göttingen, Hochschuldidaktik und Macke, G.: Hochschuldidaktik Weinheim 2008.

Obermann, Christof: Assessment Center - Entwicklung, Durchführung, Trends; Springer Gabler 5. Auflage.

Schoenaker, Theo: Mut tut gut. 11. Auflage (2002).

Seiwert und Tracy: Life-Leadership: So bekommen Sie Ihr Leben in Balance. 2. Auflage. Gabal Verlag, Offenbach (2001).

von La Roche, Walter: Einführung in den praktischen Journalismus, 18. Auflage (2008).

Endnoten

---

[1] Quelle: GWA. n.d. *Wie wichtig sind die Kriterien bei der Wahl Ihres zukünftigen Arbeitgebers?* Statista. Zugriff am 27. August 2017. Verfügbar unter https://de.statista.com/statistik/daten/ studie/ 181885/umfrage/kriterien-fuer-die-wahl-des-arbeitgebers/.

[2] Quelle: univativ. n.d. *Welche Position haben Sie beim Berufseinstieg eingenommen?* Statista. Zugriff am 18. Februar 2018. Verfügbar unter https://de.statista.com/statistik/daten/studie/201638/ umfrage/umfrage-zu-positionen-beim-berufseinstieg/.

[3] Quelle: univativ. n.d. *Welche Hindernisse ergaben sich bei Ihrem Berufseinstieg?* Statista. Zugriff am 27. August 2017. Verfügbar unter https://de.statista.com/statistik/daten/studie/201641/umfrage/ umfrage-zu-hindernissen-beim-berufseinstieg/.

[4] Quelle: https://de.statista.com/infografik/10168/was-berufseinsteigern-wichtig-ist/

[5] Vgl. Geiger, John G., Downey, Dorothy E. persolog® Verhaltensprofil

[6] Vgl. Geiger, John G., Downey, Dorothy E. persolog® Verhaltensprofil.

[7] Quelle: Commerzbank AG; https://jobs.commerzbank.com/?

[8] Vgl. monster.de. n.d. *Welche Präferenz haben Sie bezüglich des Bewerbungseingangs?* Statista. Zugriff am 3. September 2017. Verfügbar unter https://de.statista.com/statistik/daten/studie/ 223909/umfrage/praeferierte-formate-der-bewerbungen-durch-unternehmen/.

[9] Vgl. YouGov. n.d. *Wieviel Zeit benötigen Sie durchschnittlich, um eine vollständige Bewerbung (Anschreiben, Lebenslauf, Zeugnisse) zu erstellen?* Statista. Zugriff am 3. September 2017. Verfügbar unter https://de.statista.com/statistik/daten/studie/339731/umfrage/umfrage-zur-benoetigten-zeit-zum-erstellen-einer-bewerbung/.

[10] Quelle: YouGov. n.d. *Wie lange dauerte es bei Ihnen durchschnittlich von Ihrer Bewerbung bis zur Rückmeldung des Unternehmens?* Statista. Zugriff am 3. September 2017. Verfügbar unter https://de.statista.com/statistik/daten/studie/339738/umfrage/umfrage-zur-dauer-bis-zur-

rueckmeldung-auf-eine-bewerbung/.; Hinweis: Deutschland; 25.06.2014 bis 27.06.2014; ab 18 Jahre; 1.055 Befragte

[11] Quelle: YouGov. n.d. *Was schätzen Sie: Wie viele Bewerbungen haben Sie in Ihrem Leben geschrieben?* Statista. Zugriff am 3. September 2017. Verfügbar unter https://de.statista.com/statistik/daten/studie/339728/umfrage/umfrage-zur-anzahl-bereits-geschriebener-bewerbungen/.

[12] Quelle: YouGov. n.d. *Was schätzen Sie: Wie viele Bewerbungen haben Sie in Ihrem Leben geschrieben?* Statista. Zugriff am 3. September 2017. Verfügbar unter https://de.statista.com/statistik/daten/studie/339728/umfrage/umfrage-zur-anzahl-bereits-geschriebener-bewerbungen/.

[13] Quelle: Höft, S., Obermann, C., Janke, O.: Deutschland-Studie 2008, Arbeitskreis Assessment Center e. V. In Dokumentation zum 7. Deutschen Assessment-Center-Kongress.

[14] Quelle: Obermann, Christof: Assessment Center - Entwicklung, Durchführung, Trends; Springer Gabler, 5. Auflage.

[15] Quelle: gehaltsreporter.de. n.d. *Durchschnittliches Bruttoeinstiegsgehalt* für Hochschulabsolventen nach Studienrichtung in Deutschland im Jahr 2017*. Statista. Zugriff am 27. August 2017. Verfügbar unter https://de.statista.com/statistik/daten/studie/183075/umfrage/einstiegsgehaelter-fuer-hochschulabsolventen-nach-studienrichtung/.

[16] Quelle: https://www.frankfurt-main.ihk.de/recht/mustervertrag/arbeitsvertrag_standard/

[17] Quelle: YouGov. n.d. *Sind Sie privat mit Ihren Kollegen befreundet?* Statista. Zugriff am 18. Februar 2018. Verfügbar unter https://de.statista.com/statistik/daten/studie/759648/umfrage/umfrage-zu-freundschaften-mit-arbeitskollegen-nach-alter/.

[18] Vgl. von La Roche, Walter: Einführung in den praktischen Journalismus, 18. Auflage (2008).

[19] Vgl. https://www.arbeitsvertrag.org/probezeit/; § 622 Abs. 3 BGB

[20] Quelle: Deloitte. n.d. *Anteil der Millennials, deren Arbeitgeber flexible Vereinbarungen getroffen haben*. Statista. Zugriff am 18. Februar 2018. Verfügbar unter https://de.statista.com/statistik/daten/studie/710705/umfrage/umfrage-zu-der-flexibilitaet-der-arbeitgeber-von-millennials/.

[21] Quelle: o.V. Statistisches Bundesamt (2018): https://service.destatis.de/bevoelkerungspyramide/#!y=2018&a=18,38&o=2018v1&g

[22] Vgl. Myers, K.K. & Sadaghiani, K. J Bus Psychol (2010) 25: 225. https://doi.org/10.1007/s10869-010-9172-7

[23] Unter smartem Umfeld verstehen wir in diesem Zusammenhang das Angebot, dass Arbeitnehmer z.B. einen Betriebskindergarten, nahegelegene Einkaufsmöglichkeiten, Restaurants, Fitness-Center etc. nutzen können und somit kurze Wege und einen hohen Grad an Flexibilität haben. Des Weiteren kommt eine Campus-Atmosphäre einem smarten Umfeld sehr nahe.

[24] Vgl. o. V.: Gutes Feedback – Regeln für eine wirksame Rückmeldung, Georg-August-Universität Göttingen, Hochschuldidaktik und Macke, G.: Hochschuldidaktik, Weinheim 2008; Fengler, J.: Feedback geben, Weinheim 1998.

[25] Vgl. Allhoff, D-W. und Allhoff, W.: Rhetorik & Kommunikation; Reinhardt Verlag 14. Auflage.

[26] Quelle: Horizont. n.d. *Welche Erwartungen haben Sie an Berufseinsteiger im Bereich Soft Skills?* Statista. Zugriff am 18. Februar 2018. Verfügbar unter https://de.statista.com/statistik/daten/studie/298199/umfrage/erwartungen-von-unternehmen-an-berufseinsteiger-im-bereich-soft-skills/.

[27] Quelle: EY. n.d. *Was ist Ihre größte Motivation bei der Arbeit?* Statista. Zugriff am 18. Februar 2018. Verfügbar unter https://de.statista.com/statistik/daten/studie/518093/umfrage/motivationsgruende-bei-der-arbeit-in-deutschland/.

[28] Vgl. Centeredlearning.de; Umsetzung an Anlehnung an deren Matrixsystem.

[29] Vgl. Jeschke, Barnim G.: Entscheidungsorientiertes Management, De Gruyter Oldenbourg, 2017.

[30] Vgl. Jeschke, Barnim G.: Entscheidungsorientiertes Management, De Gruyter Oldenbourg, 2017.

[31] Vgl. Duhigg, Charles: Smarter, schneller, besser: Warum manche Menschen so viel erledigt bekommen – und andere nicht, Redline Verlag, 2017.

[32] Vgl. Berner, Hagenhoff, Vetter, Führing: Ermutigende Führung (2015), Schäffer Poeschel, Stuttgart.

[33] Vgl. https://de.statista.com/infografik/10168/was-berufseinsteigern-wichtig-ist/

[34] Vgl. Schoenaker, Theo: Mut tut gut. 11. Auflage (2002) S. 117f.

[35] Vgl. Berner, Hagenhoff, Vetter, Führing: Ermutigende Führung (2015), Schäffer Poeschel, Stuttgart.

[36] Vgl. Berner, Hagenhoff, Vetter, Führing: Ermutigende Führung (2015), Schäffer Poeschel, Stuttgart.

[37] Vgl. Berner, Hagenhoff, Vetter, Führing: Ermutigende Führung (2015), Schäffer Poeschel, Stuttgart.

[38] Vgl. Seiwert und Tracy: Life-Leadership: So bekommen Sie Ihr Leben in Balance. 2. Auflage. Gabal Verlag, Offenbach, S. 86.

[39] Quelle: Eurostat. n.d. *Anteil der Personen in Deutschland, die das Internet zur Teilnahme an beruflichen Netzwerken nutzen, in ausgewählten Jahren von 2011 bis 2017*. Statista. Zugriff am 17. Februar 2018. Verfügbar unter https://de.statista.com/statistik/daten/studie/533471/umfrage/anteil-der-nutzer-von-beruflichen-netzwerken-im-internet-in-deutschland/.

[40] Quelle der Rechnung: http://www.spiegel.de/embeddedtools/disque-bruttonettorechner.html?id=spiegelrp&brutto=3500&freibetrag=&jahr=2017&lzz=1&stk=1&faktor=1&kirche=1&bdl=01&pkv=0&pkpv=&kksatz=15%2C5&zbgkv=1%2C1&krv2010=0&zkf=0&kinderpv=0&jahrgang=&submit=Berechnen

[41] Quelle: Hays. n.d. *Welche Beschäftigungseffekte, die durch die digitale Transformation entstehen, sind Ihrer Meinung nach entscheidend?* Statista. Zugriff am 17. Februar 2018. Verfügbar unter https://de.statista.com/statistik/daten/studie/682274/umfrage/umfrage-zu-entscheidenden-beschaeftigungseffekten-durch-digitale-transformation/.

[42] Quelle: Hays. n.d. *Was sind Ihrer Meinung nach die größten Herausforderungen der digitalen Transformation für die Arbeitsorganisation?* Statista. Zugriff am 17. Februar 2018. Verfügbar unter https://de.statista.com/statistik/daten/studie/682289/umfrage/umfrage-zu-herausforderungen-der-digitalen-transformation-fuer-die-arbeitsorganisation/.

[43] Quelle: Statista: Großes Interesse an Weiterbildungen; Quelle: Indeed,

[44] Quelle: https://de.statista.com/infografik/9715/umfrage-zum-thema-weiterbildung/

[45] Quelle: Staufenbiel Institut. n.d. *Welche Weiterbildungsmaßnahmen bieten Sie?* Statista. Zugriff am 27. August 2017. Verfügbar unter https://de.statista.com/statistik/daten/studie/408866/umfrage /weiterbildung-fuer-hochschulabsolventen-in-deutschen-unternehmen/.

[46] Quelle: IW Köln (Consult GmbH). n.d. *Setzt Ihr Arbeitgeber folgende Maßnahmen ein?* Statista. Zugriff am 27. August 2017. Verfügbar unter https://de.statista.com/statistik/daten/studie/183495/ umfrage/verbreitung-von-massnahmen-zur-erhoehung-der-attraktivitaet-von-unternehmen/.

Index